NF文庫
ノンフィクション

軍艦と装甲

主力艦の戦いに見る装甲の本質とは

新見志郎

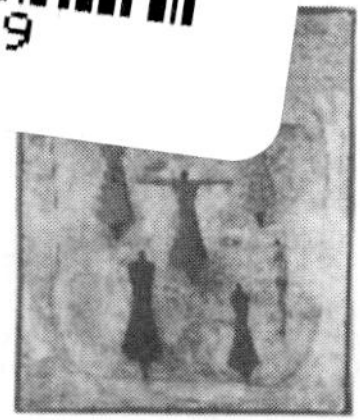

潮書房光人社

軍艦と装甲——目次

軍艦と装甲

主力艦の戦いに見る装甲の本質とは

序　章　装甲の定義

軍艦に用いる装甲とは何だろうか。

普通に考えればもちろん、船体に厚い鉄板を張り、攻撃してくる砲弾や爆弾の艦内への侵入を阻み、これによって自己の安全を図ろうとするものであろう。しかしながら鉄は重い金属なので、これを船体全部に充分なだけ張り巡らせたのでは非常な重量となって、船体そのものが水上にあるようには保てなくなる。船を大きくすれば条件は緩和されるが、今度は大きくなった船体を運用できるだけの港湾などを準備しなければならないし、当然高価になるので経済的に大きな負担となる。限られた大きさの中で、攻撃力や運動能力とのバランスを勘案しつつ、最も効率的な防御方式を編み出さなければならない。

そこには何らかの妥協が必要であり、そのひとつは鉄板を張る部分を重要な範囲だけに限り、一撃での致命傷を防ぐと同時に、それ以外の部分ではできるだけ被害の波及を抑えて、被害の累積で沈められないうちに敵を打倒しようとするものである。もうひとつは装甲の厚さを抑えて一定以上の打撃には目をつぶり、より強力な行動力を利して大きな攻撃力を持った相手との戦いは避ける、といった方法だ。装甲艦を現実のものとするには、こうした要素に妥当なバランスを求める「防御思想」が必要になってくる。

これは装甲を持つ軍艦を攻撃する側の手段である砲や砲弾、その他の武器の趨勢によって影響を受けるし、当該海軍の地理的な条件や仮想敵国の動向にも左右されるため、同じ国でも時代ごとに変化し、一様ではない。素材、厚さ、取り付け位置、範囲といった要素はそれぞれに変化しており、艦全体を何からどう守るのかという構想を下敷きにして現実化するのである。

ここではまず「装甲」の定義として、

Ⅰ、船体そのもの、すなわち浮力を守る目的を持つ

Ⅱ、船としての行動手段を守る

Ⅲ、戦闘艦としての攻撃手段を守る

Ⅳ、乗組員を守る

これらを、それぞれの視点から角度を変えて考えてみる。

この中で「乗組員を守る」というのは、至極当然のようでありながら、実際の軍艦に施される装甲としては、かなり優先度が低い。その理由は、船がそもそも器であり、乗組員は通常その内側にいて、上記三つの防御を行なった場合、多くが自然に守られることになるからだ。逆に見れば、何らかの方法で乗組員だけを強固に防御したとしても、その分、艦が簡単

に沈んでしまうのでは意味がなくなるわけだ。

それゆえ一部の乗組員は、それなりに重要な配置にいながら、その部分に重厚な装甲を巡らせることができないために守られることがなく、数を用意して消耗に備える方法を採られた。マスト上の見張り、艦橋や司令塔周辺の信号兵、伝令、防御されていない小口径砲の砲員といった存在だが、ここであつかう時代の海上戦闘では、彼らが意識して狙われるということもなかったから、用のない間は安全な場所に避難して待機することも可能だった。

司令塔は、特異的に少数の、主に指揮にあたる乗組員を守るために配置された装甲であるが、必ずしもここに最上級指揮官がいるとは限らない。たいていは小さなスリットからしか外を見られないため、視野が限られることを嫌った指揮官が見晴らしの良い位置に陣取り、司令塔には次席の指揮官を置いて、指揮系統の瞬時の全滅を防ぐ程度に用いられたこともある。戦闘における人員の損耗は当然のことだが、海上戦闘では敵弾にあたる確率は、階級の上下とは直接には関係していなかったのだ。もちろん戦闘中、司令塔から一歩も出てこない指揮官も珍しくはないし、規則でそう定められている場合もある。

船体にはまったく装甲がなく、司令塔のみに防御を施していた水雷艇のような小型艦も一部に存在するが、これは指揮系統の偶発的な損害を防ぐだけで、艦を防御するものではない。実際には機関銃で撃たれるような肉薄攻撃が必須だった時代にのみ、わずかに存在しただけだ。ここでは、このような装甲を持っているだけでは、装甲艦とはあつかわない。ⅠからⅢを目的とする装甲を持つものに対象を限定する。

いまだ船体を守る必要がなかった（そうした強力な攻撃手段がなかった）時代には、洋上で飛んでくるのはせいぜい矢や礫《つぶて》でしかなく、当たったところで船体に大きな損傷をもたらすものではなかった。それゆえ防御の対象はもっぱら人間であり、盾を船べりに並べたり、厚い木板を張るだけでも充分に目的は達せた。鉄砲が用いられるようになっても、その弾丸は厚い木材や薄い金属板で防ぎ得たのである。木造であるがゆえに、火をつけられる方がよほど危険だったから、薄板でも充分だったわけだ。

その当時の乗組員の大半は、後の軍艦のように機械を操作する技術者ではなく、自身が槍や刀を振りまわす戦力だったから、守るべき対象もまた彼らの肉体そのものだった。しかしながら、水上で重い鎧を身に付けることは非現実的だったし、自らの露天甲板を装甲で囲ってしまえば、攻撃手段に蓋をすることになってしまう。結局、頼みにするのは人数であって、船そのものの大きさには関連するが、性能とは直接に関係しない。安宅船のような軍船は、水上に浮かんだ砦であるにすぎず、奪うものではあっても沈めることには大きな意味がなく、そうした発想の対象ですらない。この時代には、装甲軍艦という存在は「ない」と考える。

船に船をぶつける体当たりは、ここで述べようとしている防御に対する攻撃手段としてはかなり異質であり、実際にこれを効率的な攻撃手段とするための衝角の存在に対応する装甲防御というものは、ほとんど存在していない。対抗手段は後に水雷兵器が現実化すると、よく似た方法で効果が得られるため、いくらかの進歩を見たものの、衝角攻撃自体が廃《すた》れたので考慮されることはなくなった。

帆走の木造軍艦の時代には、先の装甲の定義の中では、Ⅱの行動手段を守ることができない。推進装置は甲板上に露出した帆であり、これを支える柱や索具は、水面上数十メートルの高さにまで良好な標的を曝しているのだ。これを囲う方法などないし、意味もない。艪《ろ》や櫂《かい》にしても推進力は小さいから、重い鎧を船に着せるのは非現実的である。

一九世紀中葉には蒸気機関を備えた戦列艦も就役しはじめるが、外形的には帆装戦列艦に伸縮式の煙突が追加された程度で、機関は小さく、出力も大きくなくて、無風、遡航時に用いられる程度の補助機関に過ぎなかった。航続力も小さかったから、航海の大半は従来どおり帆走によらなければならない。

攻撃手段である大砲も、まだ鉄のカタマリを黒色火薬の爆発力で飛ばす運動エネルギー弾でしかなかったので、破壊力はさほど大きなものではなく、砲弾がぶつかった場所の木造構築物は壊れても、それを全体に波及させるには繰り返しの命中弾が必要だった。砲の能力も低く、大型艦では、船材を厚く、堅い木材にするだけでも、小さく軽い砲弾なら跳ね返せる程度だったのだ。吃水線付近を破壊されれば沈没する可能性はあったけれども、実際に撃沈にいたるまでの戦闘は珍しく、ほとんどの戦いは一方が降伏して終わった。誰も死にたいわけではなかったし、捕獲した敵船は一般に金銭をともなう褒賞の対象となったから、沈めてしまうのは誰の利益にもならない愚かな行為だったのである。

武器である砲（砲架）を破壊される可能性は小さくなかったが、これはまた、砲そのものが船の大きさに比べれば小さいものだったため、「たくさん積む」という至極単純な対応で事が足りる。なおも乗組員自身が戦力だという状況は存続していたから、とにかくたくさんの兵士を乗せようとしていたので、砲をあつかう人数にも困らなかったわけだ。

こうしたなか、砲弾の中に炸薬を仕込み、導火線を使って爆発させる砲弾の研究が進んでいた。一部ではすでに用いられていた爆裂弾だけれども、発射前に導火線へ点火する必要があり、その砲弾を先込め砲に装塡して、適切な秒時を計って発射するという、かなり神経質な取りあつかいをしなければならない。しかも空中で早発するならともかく、発射直後や発射前に炸裂すれば自分たちに被害が出かねないから、乗組員たちがこれのあつかいを嫌がるようになるのも当然のことだった。これはすなわち、これが効果的な破壊手段(士気をふくむ)だということを示してもいるのだろう。

一九世紀の中ごろ、こうした爆裂弾の改良が進み、発射するときの装薬の燃焼によって導火線に点火する榴弾が開発され、クリミア戦争で実戦に用いられた。衰えの見られるオスマン・トルコ帝国を圧迫して、地中海への出口を求めようとするロシアと、これを防ごうとするイギリス、フランス連合軍がトルコを後押しして戦ったのだが、海軍の主戦場となったのは黒海中央部クリミア半島の中心都市セヴァストポリで、劣勢だったロシア艦隊が湾口を塞ぐ防壁として自らを沈めてしまったため、海上戦闘は連合軍艦隊と、黒海沿岸の要所に設けられた要塞や陸上兵力との戦いが中心になっている。ここで一部に新しい榴弾が用いられたのだ。

この砲弾は、命中点でタイミングよく爆発してくれるわけではなかったが、艦内へ飛び込み、または甲板上に転がった砲弾はいつ爆発するかわからず、導火線の火を消したり、艦外へ投棄したりするには絶大な勇気が必要だったから、ほとんどの乗組員は逃げまどうばかりだった。爆発力は小さく、大きな戦列艦が即座に沈没するような威力ではないものの、炸裂すると破片の被害もともかくだが、火災を誘発する危険があり、大損害を受けた艦もあって、けっこうな負担になったのである。この砲弾も主目的は人員の殺傷であり、それまでの散弾や鎖弾などの延長上に位置するものだが、火災を発生させるという意味では、赤熱弾と並んで艦そのものにとっても十分に危険なものになった。

こうした状況に鑑み、海軍艦艇を開発する人たちは、艦の外壁を厚い鉄板で覆うことを考え出した。艦は重くなってしまうが、この段階では相手が海岸要塞や展開した砲兵であるから大きな行動能力は要求されず、ただ撃たれることに耐えられればよかったのである。

第一章　黎明期

こうして装甲軍艦登場の舞台の幕は、平時の計画的な開発ではなく、戦時の急造計画によって開かれた。もちろんそれ以前からの研究は行なわれていたものの、保守性に関しては定評のある海軍だけに、それまでの海軍体系を崩してしまいかねない新兵器の開発には、二の足を踏む否定的意見ばかりが多くて、いっこうに勢いがつかなかったのだ。

これには、世界の海洋を支配していたのがイギリス一国だけという現実があり、数字の上ではこれに次ぐフランス海軍も、カタログ値ではともかく運用をふくめた実力では大差をつけられていて、イギリス海軍にはカネのかかる開発競争を行なって、自ら優位に立っている地盤を崩す理由はなかったわけだ。この辺は近世の軍事問題とはだいぶ様相を異にするので、注意が必要である。まずは装甲艦以前の状況をいくらか覗いておこう。

オールド・アイアンサイズ

アメリカの保存帆船コンスティテューション。比較的最近の写真であるが、なお可動状態にある。

木造の純帆装軍艦の時代、軍艦そのものに対する防御の感覚は希薄で、そもそもの船体を形づくっている木材に、少々大きめ、厚めのものを使って頑丈に造るという以上ではなく、防御のために何か特別な装備を追加しようとは考えられていなかった。分厚い木材で造られた大型艦を小型艦の小口径砲で倒すのはまったく不可能であり、数倍もいる乗組員の中へ斬り込んでも勝利は難しい。そんな時代に、装甲艦を象徴するような、「アイアンサイズ」（ironsides＝鉄の鎧の意）と綽名された軍艦があった。この名そのものは、一一世紀のイングランド王エドマンド二世や、一七世紀のオリバー・クロムウエルが率いた鉄騎隊に源を発する。

一七九七年に進水、完成したアメリカ海軍の木造純帆装フリゲイト『コンスティテューション』USS Constitutionが、このあだ名を持つ。そのいわれは一八一二年の米英戦争での、イギリスのフリゲイト『ゲリエール』HMS Guerriereとの一騎打ちに端を発し、この戦闘の折に『ゲリエール』の放った砲弾が『コンスティテューション』の舷側に命中したものの、木造の船材を撃ち抜くことができず、跳ね返されたことによる。おそらくは命中した角度が浅かったか、距離があって砲弾の速度が落ちていたのだろうが、乗組員はこれを見て、この艦の舷側は鉄でできていると叫び、大いに士気が上がったとされるのだ。

厳しい戦闘の末に『ゲリエール』は降伏し、やがて浸水が激しくなって沈んでしまったが、この逸話は緒戦での対等な戦いによる勝利だったこともあり、アメリカ人に「俺たちにもイギリス軍艦を倒すことができる！」という強い自信をあたえた。戦争が終わって古くなった船体が役務に耐えられなくなったと判定されても、オリバー・ホームズの詩「オールド・アイアンサイズ」が発表されたりして処分には反対が根強く、そのまま保存され、一種のシンボルとしてアメリカ海軍に在籍し続けている。その後、正式に記念艦となった『コンスティテューション』は、現在もなお可動状態を維持されつつボストンの港内に係留され、一般公開されている。

この艦はけっして装甲艦ではなく、普通よりはいくらか頑丈にできていたというだけの木造艦だが、逸話にあるように、鉄の鎧をまとえば砲弾を跳ね返せるという意識が当時から存在していたことを示しているわけだ。それでも、極端に重くなってしまう鉄板による装甲は、推進力の大きくない純帆装艦には非現実的な装備だった。

汽帆装戦列艦

オーストリアの蒸気動力付き帆装戦列艦カイザー。前マストの直後に細い煙突が見えている。この艦はリッサ海戦に参加し、大破したが、後に装甲艦に改装されている。

一八四〇年代に現われた、ナポレオン戦争時代そのままの複数の砲甲板を備えた戦列艦（ship of the line）に蒸気機関とスクリューを装備し、行動力の拡大をめざしたものだが、特別な名称は見られない。機関は大きなものではなく、最大速力は数ノット程度だったから、無風時、入出港時などに補助的に使われるレベルだった。燃料の搭載量は少なく、機関のみでの航続力は短いため、主推進装置は相変わらず帆のままである。煙突は帆走時の邪魔にならないよう伸縮式とされ、戦闘時でも推進は基本的に帆で行なわれる。

艦内容積を機関に食われるため、同規模の純帆装艦よりはいくらか武装が少なくなる。排水量は三〇〇〇トンから大きくても五〇〇〇トンくらい、砲数は六〇から一一〇門ほどだが、最大でも口径二〇センチ程度の短い前装砲で、上部甲板の砲はより小さい。こうした艦をベースにした装甲艦も造られているが、後述の新造装甲艦より先行してはおらず、装甲艦の有効性を見て改装されたもので、たいていは上部の砲甲板を廃止して砲数を減らしている。

当時の木造大型艦は、木材の局所的な強度の限界から大型化の限界に達しており、これ以上大きな艦は造りたくても造れない状況にあった。

装甲浮砲台（クリミア戦争）

船体の側面に鉄板による装甲を施す試みは、まずクリミア戦争にともなう戦時計画として、イギリスとフランスによって装甲浮砲台という形で開発された。これは吃水の浅い平底（海岸要塞に近づくため）のハシケのような船体の側面に多数の砲を並べ、砲甲板の周囲と吃水線部分を厚さ一〇〇ミリから一二〇ミリ程度の鉄板で囲い、小さな蒸気機関を備えて限定的な行動能力を持たされたものである。

行動能力は、相手が動かないので、安全地域から戦場へ入り、位置を保って戦闘を続け、必要に応じて脱出できればよいため、数ノットの速力が可能な程度の小さな機関が積まれただけだった。操縦性も低く、現場への移動はもっぱら曳航されている。帆も装備されていたが、風を間切る能力がないので順風のときにしか使えないし、戦闘時に用いることもなかった。

装備する砲は、当時の標準的な重砲一六門が両舷に八門ずつ並べられ、砲弾は直径一八センチ程度の球形で、鉄のカタマリである実質弾（ショット＝shot）と、炸裂する榴弾（シェル＝shell）が用いられている。

開発はフランスが先行しており、まず三隻の浮砲台『デヴァスタシオン』（荒廃の意）、

フランスの装甲浮砲台ラーブ。右手前が艦尾。マストの中間に２本ならんだ細い煙突がある。

『ラーブ』（溶岩）と『トナント』（雷）が一八五五年十月十七日、黒海の西北端へそそぐドニエプル河口の砂州上に構築された、砲八〇門を装備するキンブルン要塞に対峙した。午前八時過ぎに要塞から九〇〇メートル以内へ接近した三隻は、艦隊の支援を受けつつ猛烈な砲撃を行ない、十三時二十五分には要塞から旗が降ろされた。要塞側の死者は四五名、負傷者は一三〇名に達したとされる。

この戦いで、『デヴァスタシオン』の装甲鈑には二九発の命中弾があり、ほかに三五発がブルワークや上部構造物に命中している。目立った損害は、甲板の昇降口から飛び込んだ砲弾と、砲門から入った二発の砲弾によるもので、二名が戦死し、一三名が負傷したとされる。『ラーブ』には死傷者がなく、『トナント』では九名が、やはり砲門から侵入した砲弾の破片によって負傷した。『トナント』の被命中弾は五五発を数え、露天甲板や上部構造物に一〇発、舵に一発の命中が報告されている。この時代の舵は、舵頭が水上に露出していたのだ。

要塞が主用した二四ポンド（約一一キログラム）の球形砲弾では、厚さ一〇〇ミリの錬鉄製装甲鈑にはまったく歯が立たず、凹みを作るのがせいぜいだった。装甲は十分期待に応え、同じ作戦を木造戦列艦で行なった場合に比べて、はるかに小さな損害で結果を得られたのである。

イギリスもこの戦争中、フランスから提供された図面を基に、ほぼ同じ規模の装甲浮砲台数隻を建造しているが、戦争が終わってしまうと使い道がなく、存在は持て余されるものとなり実験用途などに使われている。

グロワール（Gloire・フランス航洋装甲艦）

英仏両国は当時、世界第一位、第二位の海軍力を保有しており、この両国が協力したためにロシア艦隊はまったく抵抗できなかったのだが、イギリスとフランスが戦えば、装甲浮砲台のような極端な性格の兵器を用い得る場面が想像しにくい。まず洋上での覇権争いがあり、戦列艦艦隊同士での戦いが起きるに違いなかった。そこで両国は互いに、通常の汽帆装戦列艦に近い能力を持った装甲艦の開発を始める。

ここでも先行したのはフランスで、一八五九年に第一着である『グロワール』を進水させた。木造汽帆装戦列艦の船体をいくらか延長して使い、装甲鈑の重量分の船体を軽くするため、上部の砲甲板を廃止して一層の砲甲板としている。帆装など、通常の軍艦としての艤装はほとんど変化していないが、三本のマストに帆装を備えていたものの、五六〇〇トンほど

フランスが建造した世界最初の航洋装甲艦グロワール。衝角はなく、低速だが帆走も可能。

の排水量に比して帆走能力は非力である。

舷側の装甲鈑は艦全長にわたり、砲甲板部分で一一〇ミリ、吃水線部分で一二〇ミリの厚さを持っていて、船体を構成する厚さ六六センチの木材の上に張り付けられている。上甲板後部に一〇〇ミリの装甲厚を持つ司令塔が立てられているけれども、甲板や司令塔天蓋には装甲がない。これは想定された砲戦距離が短く、砲弾はほとんど水平方向から飛来するためである。砲は海面上二メートルの高さにある砲甲板に三四門、その上の上甲板前後に一門ずつを追撃砲として、口径一六・四センチの前装施条砲三六門が搭載されている。蒸気機関は装甲浮砲台に比べればずっと強力で、二五〇〇馬力、一三ノットが可能だったとされる。衝角は備えていない。

この艦は後に、砲が小さくて装甲艦に立ち向かえないとして大口径砲に積み替えているが、数は大きく減って二四センチ砲六門、一九・四センチ砲二門となった。二四センチ砲はかなり重く、木造の砲甲板には荷が勝ちすぎていて、運用上は問題があったようだ。

木造だったことは、当時では時代遅れではなく、まだほとんどの大型軍艦が木造だった。

構造材として十分な強度を持つ鉄材を得ることも、その加工も困難だった時代であり、一〇年ほど前に造られたイギリスの鉄艦は、充分な強度がないとして軍艦籍から除かれたほどなのだ。それでも工業先進国イギリスでは、ようやく実用になる水準の鉄材が製造できるようになってきており、約一年遅れで独自の鉄製装甲艦を建造している。

ウォーリア（Warrior・イギリス航洋装甲艦）

装甲軍艦は、木造戦列艦に比べれば装甲鈑の非常な重量によって吃水線上の船体規模を縮小せざるを得ず、通常なら砲七〇門以上を装備するだろう『グロワール』では、比較的小口径の砲にもかかわらず数は半減している。装備する砲の数や、乗組員の人数が軍艦の「格」であった時代のことなので、最大級の一二〇門艦や、標準的な七四門、六四門装備の戦列艦に対して、より強力な艦が半分しか砲を持っていないことは、艦隊編成上矛盾をきたす。そこでイギリスは、高さを減らす分を長さに振りかえ、非常に長大な艦を建造した。これはたまたま、イギリスには木造戦列艦を直列に二隻収容できるダブルドックがあり、一〇〇メートルを大きく超える長さの艦でも収容可能だったためである。

『ウォーリア』の排水量は九一三七トンに達し、『グロワール』より相当に大きい。長さは一・五倍を超え、この長さになると木造では船体縦強度の確保が困難になるため、鉄材で建造することになったのだ。蒸気エンジンも大きく、『グロワール』の倍以上の出力で一四ノットを発揮できた。

イギリス最初の装甲艦ウォーリア。３檣に２本煙突、砲40門を備える。記念艦としてポーツマス港内に現存。

この長さを利用して砲甲板も長くなり、当時最大級の艦砲を三四門搭載した。内訳は球形弾を使う六八ポンド前装砲（口径二〇・六センチ、六八ポンドは約三一キログラム）二六門と、重量五〇キログラムほどの椎実弾を発射するアームストロング一一〇ポンド後装砲（口径一七・八センチ）八門である。さらに上甲板には、追撃砲として二門の一一〇ポンド砲と、格闘戦用の小口径砲が装備されていた。

舷側の装甲鈑には一一四ミリ（四・五インチ）の厚さがあり、砲甲板の大半を吃水線下まで覆っているが、重量の制限から艦首尾部分には装甲がない。砲甲板の装甲範囲内にあった砲は二六門で、八門は装甲の外に装備されていた。それでも装甲重量は九五〇トンに達している。この様式を捉えて「集中防御」の走りとした解説を見たこともあるが、主砲の一部や舵機が装甲範囲外にあるのだから、これは部分防御というべきだろう。いまだ弾薬庫直撃による爆沈という概念はなく、通常の戦闘では一部の砲が損傷するだけで、装甲はそれを防ぐためのものだったのだ。

幸いにも『ウォーリア』は廃棄されることなく時を過ごしており、現在は再生されて記念艦となり、ポーツマス港内に係留されていて、一五〇年前の実物に触れることができる。

これらの装甲艦は、乗組員数や砲数の関係でフリゲイトに準じた格付けになっているけれども、実際には過去のどの戦列艦よりも大きく、強力であり、格段に速かった。イギリスではほかに六隻の同種艦が建造され、最大の『ノーサンバーランド』Northumberlandでは、排水量一万七八〇〇トンに達している。しかし長い船体に一軸ということもあって運動性が悪く、艦隊運動では汽帆装戦列艦と統一行動ができないなど、問題点も少なくなかった。

大攻撃力、重防御、高速という、後の世の高速戦艦の要素を先取りしたような性能を持っていたが、その特性を活かすには他の技術水準が低く、そうした戦術眼もなかったから、特性は活かされるどころかお荷物になってしまったのだ。建造価格が高くなったことと木造技術しかない造船所の作業量確保、在庫の木材の消費などの目的から、この時期にはかなりの数の、大きさを制限した木造装甲艦が建造されている。

アメリカ南北戦争

こうしたなか、大西洋の向こう側のアメリカ合衆国で内戦が勃発し、河口の港や大河川を戦場とする水上戦闘が頻発するようになる。

海軍力で大きく劣勢だったアメリカ南軍は、ヨーロッパで進んでいた装甲艦計画に目をつけ、北軍が放棄して撤退したヴァージニア州のゴスポート海軍工廠に、沈座状態で焼け残っていた木造汽帆装大型フリゲイトの『メリマック』Merrimackを装甲軍艦として再生する計画を立て、工事を始める。工業的に遅れていた南部連合では、大型船舶用の蒸気エンジンを製造することができなかったし、素材から装甲鈑を製造する能力もなく、鉄道用のレールを圧延加工して板材とし、縦横に張り重ねて厚さ一〇二ミリ（四インチ）の装甲を実現した。スパイの報告によってその計画を知った北軍もまた、これに対抗するべき装甲軍艦の建造を推し進めた。このとき海軍に提案された数種類の装甲軍艦の中に、低乾舷砲塔艦『モニター』Monitorがあったのである。

一八六一年に始まった戦争は、海軍の大半を掌握し、南部連合の港湾への商船入港を阻止しようとする北軍艦艇と、一か八かの賭けに出る封鎖突破船、突入を支援する南軍の要塞という三者が、虚々実々の駆け引きの中でいくつものエピソードを生み出した。無線通信装置がなく、洋上の艦船とは有視界でしか通信ができなかった当時、視界に入った封鎖突破船を追う北軍軍艦は、沿岸要塞の射程に逃げ込もうとする相手を追ってギリギリの追跡を行なっていた。

この戦争で特異なことは、北軍の首都ワシントンと南軍の首都リッチモンドが、同じチェサピーク湾の奥にあり、外海へ出なくても船で行き来ができ、陸路なら直線距離で一四〇キロメートル（大阪と名古屋間くらい）しか離れていないことだ。このため戦争が四年も続くとは考えられておらず、多くの新兵器開発は、ほとんど泥縄的に行なわれたのである。『モニター』の設計案自体も、官報を通じての一般募集への応募という形を取っていた。

一八六二年二月、焼け残った『メリマック』の船体の上に新造の装甲砲廓を設けた装甲軍艦『ヴァージニア』Virginiaは、大西洋に面したハンプトン・ローズに陣取る北軍艦隊に攻撃を加え、大型帆装艦二隻を血祭りにあげる。スループ『カンバーランド』Cumberlandは衝角攻撃を受けて撃沈され、浅瀬に退避して衝角を避けたフリゲイト『コングレス』Congressは、榴弾や赤熱弾の攻撃で丸焼けになり、夜半に弾薬庫の爆発を起こして全損となった。

ハンプトン・ローズはチェサピーク湾の入り口近く、リッチモンドを上流に持つジェームズ川の河口水道のことで（ローズはroadsで「道」この場合は水道の意味）、右岸は南軍の主要都市ノーフォークであり、左岸に展開した北軍がリッチモンドへ向けて進撃するためには、ジェームズ川やチェサピーク湾を補給路として使わなければならないのだ。

撃沈された二隻はどちらも帆装艦で、浅い河口付近に投錨していて自由に動ける状態ではなかったのだが、射撃には差し障りがなく、激しい砲撃を行なっている。しかし一〇二ミリの錬鉄板を傾斜させて張り巡らせた『ヴァージニア』に歯が立たず、被弾を意に介さない装甲艦は、艦載艇を破壊され、煙突を穴だらけにされたくらいしか損害を受けていないようだった。たった一隻の装甲艦のために、河口にいる北軍の封鎖艦隊は持ち場を離れて外洋に脱出しない限り、『ヴァージニア』の牙にかかるしかないという危機に陥ったのである。艦隊がいなくなれば半島の上陸軍は補給を断たれ、南軍の反撃を許してしまう。

実際には、外からは見えにくいので北軍には把握されていなかったのだが、多数の砲弾が命中した『ヴァージニア』も無傷ではなく、細かな損害は発生していた。なかでも深刻なのは、砲門から突き出されていた砲身に砲弾が命中したため、使用不能となった砲が二門あったことだ。これは体当たりの直前に至近距離から狙い撃たれたもので、装甲艦といえども武器とする砲を完全に防御するのが、ほとんど不可能なことを端的に現わしている。

そして、まさに攻撃があったその日の夜、ニューヨークから厳しい航海を続けてきた『モニター』が湾口に到着し、翌朝の戦闘に向けて準備を始めていた。

翌日、満ち潮に向けて岸を離れ、北軍艦隊へ向かってきた『ヴァージニア』の前に、大きさでは四分の一しかない『モニター』が立ち塞がる。軍艦の大きさがそのまま強さの指標だった当時としては、四倍もある相手に立ち向かうのは暴挙ともいえることだった。南軍側には『モニター』への具体的な情報がなかったから、見たこともない形をしたこれがいったい何なのか、いぶかりつつ接近して戦闘が始まる。

この戦闘については拙著「巨砲艦」の中で詳しく解説しているため重複は避けるが、四時間半にわたった戦闘では、どちらの砲も相手の装甲を撃ち破ることができなかった。これには『モニター』の二八センチ砲が減装薬でしか射撃できず、『ヴァージニア』側には装甲表面で破砕してしまう榴弾しか積まれていなかったというハンデも存在している。

記録によれば、『モニター』の砲塔に命中した砲弾による被害は小さく、その戦闘力を大きく損ねたのは、司令塔に命中した一弾である。炸裂はしなかったのだが、破砕した砲弾や装甲の破片と炸薬である黒色火薬が司令塔のスリットから内部へ飛び込んで艦長に重傷を負わせ、司令塔の天蓋を弾き飛ばしてしまったため、指揮系統に大きな影響があったのだ。その後の戦闘でも、南軍の同種砲に撃たれたモニターの砲塔装甲は、ベコベコに凹みはしても突破されたものはなく、その装甲厚は充分なものだったと思われる。

『ヴァージニア』の装甲も無傷ではなく、装甲鈑を支える木材にひびが入ったり、装甲そのものが部分的に欠け飛んだりしているので、同じ場所にもう一発当たるほどに戦いが長引けば、砲廓の崩壊もありえないことではなかった。また燃料の消費にともなって吃水が浅くなり、装甲の裾が水面上に上がって、無装甲部分が吃水線付近に見えるほどになったことも、当日の戦闘の再開を妨げた要素である。バラストタンクなどの装備はなく、とっさには軽くなったことへの対処ができなかったのだ。

アメリカ南軍	国籍	アメリカ北軍
ヴァージニア	艦名	モニター
砲廓艦	種別	砲塔艦
1862年	完成年	1862年
約4000t	排水量	987t
83.8m	長さ	52.4m
15.7m	幅	12.6m
6.7m	吃水	3.2m
5kt	最大速力	6kt
320名	乗員数	49名
錬鉄	装甲材質	錬鉄
102ミリ	吃水線	114ミリ
—	甲板	25ミリ
102ミリ	砲廓/砲塔	229-203ミリ
102ミリ	司令塔	229ミリ
229㎜SB×6 178㎜MLR×2 163㎜MLR×2	主砲	279㎜SB×2

この結果、どちらの装甲も突破されなかったため装甲の優位性が一般的な認識になり、これを撃ち破る方策とともに、ヨーロッパ列強海軍では装甲艦への傾倒がさらに強くなっていく。装甲突破力を砲弾の質量に求めようとした北軍は、口径三八センチ（一五インチ、砲弾重量は約二三〇キログラム）の前装砲を実用化し、さらには五一センチ（二〇インチ、砲弾重量は不明）砲の開発を計画した。南軍にはこうした技術力がなく、せいぜい北軍から鹵獲した砲を複製す

るくらいで、モニター型艦の喪失はもっぱら触雷によって発生している。

この戦いによる戦訓としては、砲廓の傾斜した装甲が内部に非常な圧迫感をもたらし、有効な床面積を減らしてしまうためにあまり利点がないと考えられたことがある。同じ装甲重量ならば、厚いものを垂直に配置したほうが内部の効率は良くなる。南軍がこのことに気づいていないわけではなかったのだが、厚い装甲鈑を得られなかったことが理由の一つになっている。また垂直な砲廓側面は、その上に広大な露天甲板の存在を意味するので移乗がたやすくなり、大型艦に横付けされたときに斬り込まれる心配をしなければならない。兵士の数は北軍側が圧倒的に潤沢なので、それを利点にされないためには、乗り移りにくい特性が重要だったわけだ。

実際に南軍の砲廓艦では、舷側装甲にグリースのような油を塗った話が残っている。一般にこれは命中した砲弾を滑らせるためと解釈されているが、質量と速度のある砲弾が油で滑るわけがなく、仮に滑って方向が変わるとすれば、その運動エネルギーは装甲鈑に伝わり、別方向へそらすための反発力を砲弾に返さなくてはならないから、装甲鈑やそれを支える構造に発生する負担は変わらないのだ。この油には、傾斜した装甲鈑に取りつき、よじ登ろうとする敵兵を滑らせる効果ならあっただろう。

また、装甲を支える背後の構造が、装甲鈑そのものと同様に重要であることも明らかになった。多くの艦が木造であるため、局所的な打撃に対しては強度が不十分であり、内側の柱が折れたり、ひびが入ったりは当然に発生した。これを防ごうとすれば木構造を過剰に頑丈に造らなければならず、重量を増す原因になる。

一方、『モニター』砲塔の二〇三ミリ（八インチ）とされる装甲は、二五・四ミリ（一インチ）の鉄板八枚を丸めながら重ねて製造されている。技術的には先行していた北軍でも、こんな厚みの曲面鉄板は簡単には造れなかったのだが、貫徹力に乏しい質量重視の球形砲弾の打撃には、多重構造がかえって衝撃の分散に役立ったかもしれない。総合的に見れば、一枚もののほうが耐弾力は上だとされる。

モニターの砲塔前の乗組員。装甲鈑が丸頭のリベットで固定されているのがわかる。

砲塔の円筒形の形状は避弾径始には有利であり、正面を外れた砲弾は弾き返され、命中痕はそのことを如実に物語っていた。ローラーを持たず、発砲時には原則的に砲塔装甲が甲板に直接座っているのも、せいぜい数十キログラムの砲弾に対し、砲を除いても一二〇トンとされる質量比率による衝撃吸収には有利に働いただろう。

ちなみに、これらの装甲鈑は船体に貫通ボルトやリベットで固定されており、その頭に砲弾が直撃すると、ボルトそのものが艦内へ突入してくるため、これを想定した準備が必要だった。アメリカでは丸頭のリベットやボルトが使われたようだが、イギリスでは皿頭のボルトが用いられており、ナットで締められている。

アメリカ北軍の装甲艦計画のなかには特殊なものがあり、そのひとつ『ガレーナ』Galena（排水量九五〇トン）は、特殊な形状の組み合わせ式装甲鈑を用いている。この装甲は木造船体に取り付ける土台部分と、その二つにまたがって取り付けられる表面部分とに分かれている。ちょうど瓦を葺くように重ね合わせてボルト頭を露出させない形状が研究されたのだ。

しかし実艦では装甲の厚さが合計七六ミリと十分ではなく、砲弾の命中によって歪んだ表面部分が弾き飛ばされてしまい、細かな被害が深刻なほどに累積してしまった。ドレウリー崖要塞との三時間二〇分の戦闘の末には、一三名が戦死、一一名が負傷していた。装甲厚が足らないという原因ははっきりしていたけれども、重量の問題があるため根本的な解決はできず、『ガレーナ』は機関部周辺の一部を残して装甲を外し、通常の汽帆装艦として用いられている。

もう一隻は『キーアカク』Keokukで八四〇トンの排水量があり、亀甲型の装甲船体に固定砲塔を持つ。多角形平面の砲塔は中央部の前後にひとつずつあるが、それぞれに砲一門を収容するだけで旋回はしない。砲は中心線方向と左右にある三つの砲門を使い分ける。前部砲塔は背面に司令塔を抱いており、装甲厚は一二七ミリとされるが、船体部分の装甲は十分でなかった。

実戦では要塞と激しく撃ち合い、二五センチ、一八センチ砲弾など九〇発以上の命中を受け、「蜂の巣になって」(副長の言葉)しまい、浸水が止められなくて翌朝沈没した。しかし幸運にも死者はでなかったという。こうした実例からも『モニター』の評価が高くなったのである。

物資の欠乏が常態の南軍では、装甲に使える鉄板が入手できずに建造が遅れ、北軍の進攻に間に合わなかった装甲艦も多くあり、一部では鉄道レールを加工せずにそのまま表裏互い違いに組み合わせて、装甲鈑の代わりにしようとしたものもあったとされる。どうにも鉄材が調達できないための苦肉の策として、特産品の綿の梱《こり》を装甲の代わりに用いようとした「コットンクラッド」や、厚い木材を用いた「ティンバークラッド」と呼ばれる戦闘艦が造られたけれども、もちろんまっとうな大口径砲弾に対しては効力がなく、せいぜい小銃弾を止められるだけだった。

この戦争中、装甲艦の戦闘として重要な戦訓はいくつもあったのだろうが、そもそも内戦であり、内陸の河川で起きた戦闘の詳細が外へ伝わるには時間がかかり、研究の対象としてはなかなかに難しいものだった。しかも戦争の終結と同時に、アメリカ海軍は予算の極端な縮減から休眠期に入ってしまい、戦訓を採り入れた新兵器の開発どころか全体規模を大幅に縮小させられ、多くの艦船を廃棄し、一部の既存艦を長持ちさせる努力をしなければならなくなったのだ。モニターの大半は数珠つなぎに係留され、一部は売却されて、残りはそのまま朽ちていったのである。

南北戦争では様々な形での砲と装甲の力比べが行なわれたが、全般に装甲の優位性が見られた。戦闘のほとんどは河川や港湾など平水部で行なわれており、自国用の航洋装甲艦は造られていない。これらの水上戦闘を、曇った望遠鏡を通して見ていたような諸外国にとっては、旋回砲塔を利用したモニターの評価が高く、比較的安価だったこともあって各国が同様のものを採用した。その一方で、未知数のままに残された航洋装甲艦の正解を求める研究が進んでいる。

南北戦争の折、南軍はヨーロッパの先進国から武器を入手しようとしてエージェントを派遣し、あちこちで様々な武器、兵器を調達していた。このなかには装甲艦を入手する計画もあり、イギリスで二隻、フランスで二隻が建造されている。とはいえ建造国が公式には中立国であるから、発注は表ざたにできず、第三国の発注という隠れ蓑を着ていた。

イギリスのレアード社に発注されていたのは小型の航洋砲塔艦で、連装の装甲砲塔二基を備え、大規模な帆装と船首楼、船尾楼を持っていて、外洋航行が可能だった。もちろん蒸気エンジンも備えており、最大速力は一〇ノットが計画されている。

船体の大部分には、標準的な一一四ミリ（四・五インチ）の装甲を張り、八角形平面の砲塔は一二七ミリの装甲で囲まれ、正面のみには二五四ミリの厚いものを張っていた。砲塔はモニターのような旋回砲室ではなく、当時イギリスで開発されたコールズ式砲塔で半埋め込み型の塔状構造を持つが、旋回をふくめた動作は基本的に人力である。排水量は二七五〇トンと十分には大きくなく、これだけの装備を詰め込むにはかなり無理があった。

　しかし建造中に、これらがアメリカ南軍の発注したものと判明したため、政府はその輸出を認めず、艦は接収されてイギリス海軍に所属することとなった。フランスに発注されていた二隻も、エジプトの注文という化けの皮がはがれ、フランス政府に引きわたしを禁じられている。この二隻は当時戦争中だったドイツ（プロイセン）とデンマークにそれぞれ一隻ずつ売られ、武装のない非軍艦として送られているが、到着は戦争が終わってからになった。このうちの一隻は、転変を経てアメリカ北軍の手にわたり、後に日本へ売却されて『甲鉄』（後に『東』）となった艦である。

　非常に興味深いのは、この戦争中に北軍支配地の民間造船所が、イタリア海軍の求めに応じて木造の航洋装甲艦を建造していることだ。一八六一年末に起工され、完成したのは一八六四年だから、ペースはともかく戦争中にずっと工事が行なわれていたことになる。満載排水量が六〇〇〇トンを超える大型艦で、一一四ないし一二〇ミリとされる舷側装甲鈑を持っていた。後述するリッサ海戦にも参加しており、旗艦だった『レ・ディタリア』が失われている。

　国を挙げての戦争中に、よそで使われる予定の兵器を製造するというのも奇妙な話だが、外貨獲得の目的があったとも考えられ、また万一の場合には自分たちで使うつもりだったのかもしれない。イタリアへ引きわたされたのは戦争の末期だが、終結以前である。

全艦種装甲艦化計画

イギリス海軍は、一一四ミリ（四・五インチ）の装甲厚で当面の目標は達せられると考え、次世代の装甲艦を模索する方策として、各等級ごとに同じ厚さの装甲とおおよそ同じ大きさの砲を積み、それぞれの特性を比較しようと試みた。実際には表題のような公式計画があったわけではないのだが、便宜的にこう呼んでみる。

最大級の一万トン級鉄艦に続き、六〇〇〇トン級の鉄艦、木造艦、三〇〇〇トン級、一七〇〇トン級のスループ、一三五〇トン級、果ては一二〇〇トンしかない砲艦級の木造装甲艦まで建造している。これらには新造のものもあり、建造中の木造艦を改設計したものもある。特徴的なのは、いずれにも一一四ミリの帯装甲と、一七～二〇センチ級の比較的大きな砲を装備したことである。艦が小さくなれば当然に、武装や装甲へ振り向けられる重量が減るので、砲数は少なく、砲廓は小さくなり、吃水線部分の装甲は高さを小さくされた。その要目を一覧表にしてみよう。

研究者の間ではこれらのなかで、通常の戦列艦のような砲甲板を持つものを「舷側砲門艦」、砲廓が全長の半分以下と短いものを「中央砲門艦」、砲廓が上甲板上に突出していたり、砲廓から首尾線方向への射界を確保しようとしているものを「中央砲廓艦」と分類しているが、公式なものではなく明確な分別が困難なものもある。

なお参考のため、表には当時最大の装甲艦である『ノーサンバー

重砲数	乗組員	主構造
28	800	鉄
36	707	鉄
18	460	鉄
35	585	木
8	250	木
4	150	木
4	130	木鉄
2	80	木鉄

	進水年月	排水量	長さ・幅・吃水	速力	装甲厚
ノーサンバーランド	1866年4月	10784t	124×18.1×8.5m	14kt	140㎜
ウォーリア	1860年12月	9137t	128×17.8×7.9m	14kt	114㎜
ディフェンス	1861年4月	6150t	92×16.5×7.6m	11.6kt	114㎜
ロイアル・オーク	1862年9月	6366t	83×17.8×7.3m	12.5kt	114㎜
フェイバリット	1864年7月	3232t	69×14.3×6.6m	11.8kt	114㎜
リサーチ	1863年8月	1743t	59×11.8×4.4m	10.3kt	114㎜
エンタープライズ	1864年2月	1350t	55×11.0×4.2m	9.9kt	114㎜
ヴィクセン	1865年	1230t	49×9.9×3.6m	9kt	114㎜

ランド』の要目を加えてある。

『ノーサンバーランド』Northumberland

兵装は二二九ミリ前装施条砲四門、二〇三ミリ前装施条砲二二門、一七八ミリ前装施条砲二門。

防御力を強化するために装甲砲廓を短縮し、全長の半分以下に減らした。その分、主要部の装甲を一インチ、すなわち二五・四ミリ増して一四〇ミリにしている。吃水線部の装甲は全長にわたっている。砲の一部は上甲板に露天で装備されており、艦首の追撃砲の直前には、別途小さな装甲横隔壁が設けられていた。砲廓内には二二門が収容されていて、うち四門は当時最大級の九インチ（二三センチ）砲である。これには砲身重量一二トン、砲弾重量一三六キログラムという大きさがあり、砲廓内で人力操作するのはかなり困難な重さだった。装甲重量は一五四九トン、船価は約四四万四〇〇〇ポンドである。

『ウォーリア』Warrior

兵装は一七八ミリ後装砲一〇門、六八ポンド前装砲二六門、一二七ミリ後装砲四門。

汽帆両用では一七ノットの快速を記録しているものの操縦性は悪く、汽走での旋回径は九〇〇メートルを越えた。人力操舵には四〇人を必要とし、一杯舵で三六〇度回頭に八分半かかった。乗組員の数からは七〇五人を標準とする三等級艦に分類されるものの、実力的には一等級戦列艦をも大きく上回る。

水線装甲帯は砲廓まで一体で長さ六五メートル、水線下一・八メートルを含む高さは六・七メートルあったが、その前後部分はまったく無装甲である。標準的な装甲鈑は一枚が四・五×〇・九メートル（一五×三フィート）の大きさで四トンの重量があり、四辺の端部に凹凸が付けられている。これを組み合わせることによって強度の連続を確保しようとしたのだが、高価になり損傷時の補修に大きな困難をともなう（関係する板をすべて外さないと目的の板へ到達できない）ため、以後は使われなくなった。

装甲範囲の砲門は片舷に一三しかなく、砲の一部は砲廓前後の無装甲部分に配置されていた。上甲板の前後の一七八ミリ砲には両舷に四つの砲門があり、レールによって任意の砲門に移動して射撃ができた。装甲重量は装甲鈑九五〇トン、木製の背板三五五トン。建造費は約三七万七〇〇〇ポンドである。

『ディフェンス』Defence

兵装は一七八ミリ後装砲八門、六八ポンド砲一〇門、一二七ミリ後装砲四門。

鉄構造だが、『ウォーリア』が高価なので、より小型の装甲艦として造られた。船体が短くなり、主に機関部が縮小されたため極端に遅くなった。ただし、この速力は当時の汽帆装戦列艦とは大きく変わらないレベルである。

『ウォーリア』と同形式の装甲帯は長さ四二・七メートル、上甲板から水線下一・八メートルまでで、艦首尾と舵機はやはり無装甲である。装甲重量は背板とも九五〇トン。

完成時には、一七八ミリ砲のうち四門と六八ポンド砲の一〇門全部が装甲砲廓内に置かれている。砲門は海面から二メートルの高さで、それぞれ左右に二五〜三〇度の射界があった。上甲板艦首尾の一七八ミリ砲は、一門が四つの砲門を持つが、艦首尾へ発射できる砲はこれだけである。建造費は約二二五万ポンド。

『ロイアル・オーク』Royal Oak

兵装は一七八ミリ後装砲一一門、六八ポンド砲二四門。

英国最初の木造装甲艦。起工時は九一門二層砲甲板の戦列艦だったが、上層の砲甲板を撤去し、船体を六・四メートル延長している。備砲数が多いけれども、かなり窮屈に無理をしてできるだけ多くの砲を装備してみたようだ。装甲範囲は上甲板から水線下一・八メートルまでの全長にわたるが、前後端一二メートルずつは六三・五ミリ（二・五インチ）厚で、一部の砲はこの部分に搭載されていた。砲門は水面上二・一メートルの高さしかない。一七八ミリ砲のうち三門が追撃砲として上甲板に置かれている。船価は約二五万五〇〇〇ポンド。

装甲重量は九三五トン。

『フェイバリット』Favorite

(上)当時最大のイギリス装甲艦ノーサンバーランド。１万トン超の船体にマスト５本がそびえる。第２檣の前後に２本の煙突があるが、引き込まれている。（中)大型鉄製装甲艦ディフェンス。船尾楼はなく、艦長室の張り出しは低い位置にある。（下)大型木造装甲艦ロイアル・オーク。鉄艦を建造できない造船所もあり、まだしばらくは木造艦が建造された。

兵装は一〇〇ポンド前装滑腔砲八門。

起工時は二二門汽帆装コルベットとして計画されたが、設計を変更して装甲艦となった。水線部装甲は全長におよび、主甲板から水線下九〇センチまでを覆う。上甲板中央部に置かれた短い装甲砲廓の長さは二〇メートルで片舷に四門ずつを並べ、前後端には首尾線側にも砲門が設けられて、端の砲は二つの砲門を選んで射撃できる。隣接部のブルワークは射界確保のため開閉式とされた。砲門の高さは海面から二・七メートルに改善されている。装甲重量は背板を含めて五六〇トンであった。船価は約一五万ポンド。

艦名のスペルは一見正しく見えるが、イギリス英語ならFavouriteである。このスペルは元来フランス語で、フランスからの捕獲艦を襲名している。フランス語での発音は「ファヴォリット」であり、当時のイギリス海軍内での正確な発音は確認できない。

『リサーチ』Research

兵装は一〇〇ポンド前装滑腔砲四門。

英海軍最初の小型装甲艦。最初の中央砲廓艦でもある。一七門スループとして起工されたが、一八六二年に計画を変更した。船体を三メートル延長し、船体幅を一六七センチ広げて艦首を衝角構造としたため、排水量は五〇〇トンほど増加している。

水線装甲帯は全長にわたる。装甲鈑の高さは三メートルで、吃水線の上下に各一・五メートルとされた。装甲された砲廓の長さは一〇・四メートルと短く、四門の重砲を搭載するのがやっとだった。砲門は水面上二メートルの高さしかないから、荒天時には射撃に影響があっただろう。煙突の立ち上がり部は砲廓内にあったが、狭いために砲廓の前へ移設され、防御されなくなった。装甲重量は三五二トン。船価は約七万ポンド。

『エンタープライズ』Enterprise

兵装は一七八ミリ後装砲二門、一〇〇ポンド前装滑腔砲二門。

起工時は汽帆装スループで、主船体は木造だが上部は鉄製となっている。砲門高さは吃水線上二メートルしかない。水線装甲帯の高さは低く、水上部分が一四〇センチ、水線下が一一〇センチだった。砲廓はかなり狭く、長さは『リサーチ』と同じ一〇・四メートルだが、幅がさらに狭くなったので、平面形はほとんど正方形である。やはり煙突を砲廓の前に移動しなければならなかった。装甲重量は一九五トン。船価は約六万ポンド。

『ヴィクセン』Vixen

兵装は一七八ミリ前装施条砲二門。

準同型艦三隻が建造され、鉄構造と木鉄交造で特性を比較されている。このうち『ウォーターウィッチ』Waterwitchは主機関にウォータージェット機関を採用したが、成功したものではなかった。機関部周辺の舷側装甲は艦首尾より背を高くされているが、装甲は吃水線部分だけで砲廓はなく、重砲は上甲板に露天で装備され、ピボットとレールによって左右どちらの舷へも指向できた。砲が防御されていないため、一般には装甲艦としてあつかわれていない。

(上)中型木造装甲艦フェイバリット。砲廓は中央部に集約され、舷側のブルワークを可動式にして、艦首尾方向への射界を確保している。（中)小型木造装甲艦リサーチ。砲廓内の砲は４門しかない。煙突は後に、やや前方へ移設された。(下)小型木鉄交造装甲艦エンタープライズ。右側がそれで、手前左側の艦はレンデル砲艦である。

これらはいずれも、前述した理由で甲板に装甲を張っていない。こうした実艦によるテストの結果、汎用装甲艦にはある程度の大きさが必要であり、小さすぎると使い難くて、その割に建造費が安くならないことが明らかになっている。その一方大型艦では、速力の有利さよりも運動性の不自由さが重く見られ、以後は全長を制限される形で設計された。この後も比較的小型の装甲艦は、港湾進入などの特殊用途目的で少数建造されたが、仮想敵軍艦が大口径砲を装備するようになったため、主力艦は装甲厚を増す方向へ向かい、どうしても大きくなってしまうのが避けられなかった。

それでも『ノーサンバーランド』を最大として大きさを制限されたため、装甲範囲を制限する、砲数を減らすなどの対策を採り、垂線間長九一・四メートル（三〇〇フィート）以下、排水量七〇〇〇ないし八〇〇〇トン級の艦が多く建造されている。木造艦は比較的安価だったものの、装甲の裏側での木材の腐食がはやく寿命が短いので、吃水線下の船腹に防汚目的で銅板を張ることができるという利点を活かせる任務用にしか建造されなくなっていく。鉄船体に直接銅板を張ると電食が起きるという欠点は、間に木板を挟むという方法で対策されたが完全ではなく、塗料による防汚手法が開発された。

無線電信がなかった当時、植民地の重要港には張りつけ兵力が必要不可欠であり、たいていは近くに整備施設がなかったから、長いものでは数年にわたって大整備を受けられないまま、防衛任務についていた艦がある。それまでの砲艦や巡洋艦も同様であったのだが、装甲軍艦の維持にはなお一層の手間と経費がかかり、専用の設備も必要だった。とくに石炭の補給は、食糧や水のような現地調達が難しくて意のままにならず、専用の補給船を随伴するなどの手間がかかっている。この問題は純帆装軍艦の時代とは大きく変化しており、列強の植民地政策にも影響した。

第二章　錬鉄の時代

錬鉄は純鉄に近い炭素量の少ない鉄で、良質なものは不純物も少なく、腐食に強く、弾性もあるが、硬度はそれほど高くない。もちろん鉄としては、という範囲だが。加工性はよく、船や橋などの構造材のほか、レール、釘などにも用いられた。現在では軟鋼がこれに代わり、ほとんど用いられない。著名なものでは、パリのエッフェル塔が錬鉄製である。

前章で少し触れたが、アメリカ南北戦争末期の一八六四年にユトラント半島が主戦場となった、一般には第二次シュレスヴィヒ＝ホルシュタイン戦争（デンマーク戦争とも）と呼ばれる戦争では、デンマークの主要島嶼部とユトラント半島との交通要衝を守るディボル要塞をめぐり、プロイセン、オーストリア連合軍とデンマーク軍が激しく戦っている。前述のフランス製装甲艦は戦いに間に合わなかったが、デンマークにはすでに『ロルフ・クラーケ』Rolf Krakeという装甲砲塔艦があり、これはディボル要塞に近づいていた敵陸軍を攻撃して、

ディボル要塞前面に展開したドイツ軍を海岸近くから攻撃するデンマークの装甲砲塔艦ロルフ・クラーケ。

その一部を一時撤退させたと言われる。

建造したのはイギリスのネイピア社で、やはり一一四ミリ厚の装甲を施し、コールズ式連装砲塔二基を備えている。排水量はわずかに一三六〇トンで、最大速力も八ノットしかない。装備していた砲は直径二〇三ミリの球形弾を用いる六八ポンド前装砲四門だけで、奇襲効果によって敵軍を動揺させたものの最大射程は短く、戦況を覆すほどの影響力はなかった。プロイセン軍が海岸に有力な砲兵を展開して再度の攻撃に備えると、装甲艦は若干の損害を出したところで後退してしまった。その後、プロイセン軍に海峡をわたられてしまい、デンマーク軍は追い詰められて降伏する。

守勢に立っていたデンマーク軍としては、ほとんどピンポイントの局所的攻勢にしか使えない戦力では、頼みにするには能力の方向性が違い過ぎたといえるだろう。一方のプロイセン陸軍は、新開発のクルップ社製鎖栓式後装ライフル砲を備えており、おそらく砲弾が小さくて命中威力は装甲を撃ち破るほどではなかっただろうが、最大射程は大きく砲撃の精度は高くて、装甲艦の乗組員にとっては的にされるのがかなり「怖かった」と思われる。命中して致命傷にならない保証はなく、および腰になったのも無理はないところだ。

　戦争はプロイセン側の勝利に終わり、デンマークは大きく領土を失うことになった。そしてこの結果は、プロイセン、オーストリア間に新領土をめぐる軋轢を生み、二年後の普墺戦争へとつながっていく。


普墺戦争（七週間戦争＝プロイセン・オーストリア戦争）・リッサ海戦

　一八六六年、日本では明治維新の直前にあたるが、この時期に自国で装甲軍艦を建造していたのは、イギリス、フランス、オーストリアだけに近く、イタリア、デンマーク、ドイツ、ロシアなどがモニター類似艦のライセンス生産や既存軍艦の改造によって装甲艦を造りはじめたところだった。アメリカは内戦の反動で海軍を日干しにしてしまい、保有艦は多いものの新規建造はほとんど行なわれていない。

　普墺戦争に一枚噛もうとしたイタリアは、陸戦ではあまり芳しくなかったものの、比較的優勢な海軍を使ってオーストリアの領土を脅かそうとしている。ここで、アドリア海のリッサ島（現在はクロアチアのヴィス島）を攻略しようとする上陸部隊を護衛するイタリア艦隊と、これを阻止しようとするオーストリア艦隊の間に、航洋型装甲艦同士の海戦が勃発した。これがリッサ海戦である。戦闘の詳細については、やはり「巨砲艦」で詳しく述べているので重複は避ける。

この海戦から後、同様の洋上戦闘はしばらく起こらず、戦闘様式や主力艦の形状などに、この海戦の戦訓が色濃く残っていく。装甲艦は概して鈍重だが、帆装戦列艦に比べればなお優速であり、それまでのように艦隊速力五ノット以下で舷を並べ、根競べのような砲撃戦を行なうには、当時の前装砲では射撃間隔が長すぎ、対勢の変化の方が速くて戦闘を継続できない。速力を落として組討ちをするのでは、砲数の多い木造戦列艦にチャンスを与えるだけになる。

もちろん装甲があるのだから、船体にめったなことは起きないのだが、砲門から砲弾が飛び込んだり、機関室に破片が入ったりする可能性はあるし、司令塔に直撃弾があれば、中が無事ですむという保証もないのだ。そこで装甲艦側は、いくらか離れたところから逃げる相手を追いかけまわす形になりやすいわけだが、その対勢では使える砲が少なく、勢い艦首の衝角を用いようとする傾向が生まれる。そして実際にリッサ海戦では、オーストリアの旗艦『フェルディナンド・マックス』がイタリアの主力『レ・ディタリア』を衝撃して撃沈するという、まさに衝撃的な結果が発生

リッサ海戦で、フェルディナンド・マックスに衝撃され、沈没に瀕するイタリア艦レ・ディタリア。

した。

このため以後の装甲艦では、動きの鈍い長大な艦より旋回性能の良い大きさが選ばれ、砲廓には艦首方向へ向けられる砲数が多くなるような工夫がもとめられた。要塞との撃ち合いは依然として主任務のひとつだから、側面に向けた砲の数はそれなりに必要だったけれども、砲廓の前部には前方へ向けられる砲を少しでも多く積もうという工夫がなされていく。

まだ砲廓砲は人力操作だったから、ただでさえ重過ぎる砲を連装に装備するわけにはいかず、船体を切り込んで斜めに並べたり、二階建てにしたりという方式が採用されていった。この形状は、後のド級戦艦時代にも副砲砲廓として残存しており、それなりに合理性のあるものだった。

もうひとつの大口径砲装備様式である砲塔は、最上甲板に置かなければ射界の有利が生かせず、まだ巡洋航海には必要だった帆柱や索具との席の奪い合いがあり、あまり海面から高い位置に置けば艦がひっくり返るというジレンマが解決しきれないので、この時代の航洋砲塔艦は実用になっていない。かえって戦闘時にはまったく帆を用いない、汽走を中心に考えられた航洋モニターのような艦のほうが、舞台が限られているとはいえ活躍している。

フランスのモニター

水雷艇を海岸線防備の中心に据えようという思想、いわゆる青年学派が主流をなす前にも、フランスは小型のモニター的な装甲艦を建造しており、この系列は少数だがその後も継続し

セルベール級航洋モニター。左２隻がそれで、右端の１本煙突艦は極端な低乾舷のトローと思われる。

ていった。その第一着となったのが『トロー』Taureauである。

一八六六年に完成したこの艦は、モニターのような装甲を施した極端な低乾舷の主船体上に高い円筒形のバーベットを置き、その頂部に一門の二四センチ砲を装備している。砲は旋回盤の上に置かれて周囲をバーベットで防御されているが、装甲は俯角を制限しない高さまでしかなく、砲の上半分は無防御だった。射界は非常に広く、真後ろ以外のほとんどすべての方向に指向できた。

特徴的なのは、このバーベット上端と海面上七〇センチしか高さのない主船体の間を亀甲型の軽量構造でつなぎ、一応の水密構造を確保したことである。この構造物は主船体の上部全面を覆っており、内部に良好な居住性のある空間を生み出している。もちろん防御力はないが、平時の運用には十分なものだった。後の水雷艇に用いられた遮浪甲板と同様の発想で、丸みを帯びているために打ち上げられた海水はすみやかに流れ落ちる。

この艦は一隻だけの建造だったが、これに続いてほぼ同じ構成を持った四隻の『セルベール』級モニターが建造された。船体規模は五〇パーセントほど拡大されて、一門だった砲は二門の連装砲塔になっている。こちらでは砲塔頂部が装甲砲室になっており、全般に防御力も強化された。

いずれも帆装は持たず、艦首に強力な衝角を備えて、運動性確保の目的から二軸とされている。舵効きはあまり良くなかったようで、舵板に補助板が追加されている写真もある。航洋性が悪かったと書かれている資料が多いものの、もともとモニターなので、多くを期待できるはずもない。船体は木造であり、衝角艦に分類されてはいても、衝角突撃の実力には疑問がある。

これらは一八六五年頃に起工されたが、『セルベール』が一八六八年に完成した以外の三隻は、建造に一〇年近くがかかって一八七三年頃から順次就役している。おそらくのんびりしているうちに普仏戦争が始まり、対プロイセン戦争では不要に近いこの艦種は、後回しにされたのだろう。就役した時代になるとモニターへの対抗策も現われており、実効力はかなり低下していた。それでもこの艦の砲塔構成は、いささか問題はあるにしても装甲砲室＋バーベットという後の近代砲塔の要素を備えるものであり、もう少し正当な評価がなされるべきだと思われる。

三国同盟戦争（一八六四〜七〇年）

もうひとつ、この時代に南米大陸で発生したパラグアイの戦争に触れておこう。

ブラジルとアルゼンチンの国境、大西洋に面したところにはウルグアイという国があり、首都モンテビデオは第二次大戦の折、ドイツのポケット戦艦『グラーフ・シュペー』が最期を遂げた場所として有名である。

ここに河口を持つ大河パラナ川を遡ったところにある国がパラグアイで、首都は川辺の町アスンシオンだ。ここで一八六四年、ウルグアイからの援助要請を受けたパラグアイの大統領ロペスが軍を動かし、ブラジル、アルゼンチン、ウルグアイとの戦争が始まった。援助を要請してきたウルグアイが敵対するという戦争そのものの推移は複雑で、決着には五年もの歳月を要したのだが、その詳細については他日に譲ろう。地理的には陸路がほとんど機能しないので、主要な交通はほぼ川だけにしかない。

当時パラグアイは、イギリス、フランスに装甲軍艦を発注していたのだが、直接海に面していないことから開戦によって輸入不能となり、これらの艦はブラジルが買い取って、パラナ川を遡る戦闘に用いられている。ここに見られる装甲艦は基本的に河川運用を前提にしたもので、小型で吃水は浅く、運動能力は高くない。装甲はまだ錬鉄製で、厚みも当時の標準的な一一四ミリのものが多かった。大半は砲廓艦だが、モニター類似の砲塔艦もあった。アメリカ南北戦争と踵を接した時期の戦争なのだが、アメリカ政府は終戦で余剰になったモニターをブラジル側へ売っていないようだ。これには政治的な理由があったのかもしれない。

パラナ川の上流、流れの大きく屈曲した部分に設けられていたウマイタの要塞と、ここを突破して上流へ出ようとするブラジル艦隊の戦いが、最も重要なものといえるだろう。それでも要塞に装備されていたのは球形弾を撃ち出すだけの前装砲だったし、さして口径の大きな砲もなかったようだ。なかには二〇〇発もの命中弾を受けて、装甲がデコボコになった艦もあったが、撃沈されたのは機雷による一隻だけである。

ブラジルの河川用装甲艦ブラジル。砲廓に多数の凹みがあり、その上の木構造は大きく破壊されている。

通常の河上艦隊では突破できないような要塞でも、装甲艦の防御力には絶対的なものがあり、拠点をひとつずつ潰されていくパラグアイ軍は後退を重ね、女子供から老人まで戦いに加わって、とうとう陣頭指揮を執っていた大統領の戦死によって幕を下ろすという、近代戦争ではちょっとあり得ないような結末となった。

これにより、三国同盟戦争直前に約五二万人と推定されているパラグアイの人口は、戦争終結後約二一万人にまで減少したとされる。しかも残った人数の大半は兵役につけない年齢の子供や老人で、女性の戦死者も少なくなく、成人男子はそのほとんどが死ぬか逃亡したという。その結果、国家としてのバランスまで失ってしまい、基幹産業の担い手もいなくなって、パラグアイの人口ピラミッドが正常な形を取りもどすのには長い年月を要した。

ブラジルが入手した装甲艦も、戦争が終わってしまうとまったく役に立たない厄介者になる。戦場になった大河の河口は他国同士の国境にあり、大西洋を行かなければ河口へは到達できず、平時にそんなことをする理由もなく、せいぜい港湾防御に使えるだけだった。ブラジルはこれらの一部を自国で建造したにもかかわらず、その後の発展は芳しくなくて、一八九〇年頃までポッポッと防護巡洋艦を国産しているが、技術進歩には追従しておらず、大型軍艦はもっぱら輸入に頼っている。

一八七〇年代末期になって、航洋性のある装甲艦『インデペンデンシア』をイギリスで建造したが、一八七八年に対ロシア戦争の危機が生まれたためにイギリス政府に接収され、『ネプチューン』となっている。この艦には幾分か日本との関わり合いもあり、清国が『定遠』級を輸入した対応として装甲艦の購入が考えられたとき、候補にあがっている。しかし、進水に失敗して艦底を痛めた前歴があるのと、いかにも旧式に過ぎるので、日本は購入を断念した。排水量九一三〇トン、速力一四ノットで三〇・五センチ前装施条砲四門、二三センチ砲二門を持つが、あまり評判の良い艦ではない。

イギリスのブレストワークモニター

アメリカ南北戦争の結果を受けてモニター型艦を導入した海軍は多かったが、当時世界最強の海軍を保有していたイギリスは、そのままのモニターを採用することなく、一八六七年になってようやくブレストワークモニターと分類される低乾舷砲塔艦を建造した。主船体はモニター同様に極端な低乾舷で、上甲板の海面からの高さは一メートルに満たないから、航洋性は非常にとぼしく、外洋での戦闘能力はない。もっぱら港湾防御に使えるだけだったが、彼らはこれを海外植民地の港湾防御用に建造したのだ。

第一艦は『サーベラス』Cerberusと名づけられ、一八七〇（明治三）年にイギリス本国のパルマース社で完成すると、オーストラリア（当時はヴィクトリア自治領）のメルボルンへ回航されている。もとより外洋航海は「可能だ」というレベルでしかないため、仮の船首楼とブルワークを立て、仮帆装を施して単独スエズ運河経由で自力航海した。

平底、低乾舷の船体での帆走は、乗組員の誰も経験したことのない恐ろしいシロモノで、その航海のエピソードは味わい深いものだ。以下にその一部を引用、掲載してみよう。原著はボブ・ニコルズ著の「三頭の怪物」Three headed monsterである。（サーベラスとは神話に出てくる頭が三つある地獄の番犬ケルベロスのこと）

……パンター（回航指揮官だったオーストラリアの海軍士官）の抱えた問題のひとつは、『サーベラス』が英国軍艦ではなかったことである。地球の裏側まで行こうというのに、食料も補給品もどこからも提供されなかった。途方に暮れるなか、海軍省の要員が現われ、諸々の準備や仮艤装を行なってくれた。このときの図面、書類はグリニッジの国立海事博物館の図面室に残されており、オーストラリアの各地にコピーが保存されている。長期の航海に備えて、燃料を節約する目的から仮帆装が施された。舷側には仮設隔壁が設けられ、ほとんどブレストワークを覆ってしまっている。帆柱は三本が立てられた。『サーベラス』は、いまだ就役していないために商船旗の下での航海を始める。

これらのことは、民間人から乗組員を募集するのに大きな障害になっている。彼らはどう見ても航洋性に信頼を持てない珍妙な船に怯え、契約書へのサインを躊躇した。彼らの不安は、一八七〇年九月六日の夜にコールズ砲塔を装備した英国軍艦『キャプテン』が、強風の中にほとんどの乗組員とともに失われたことでいっそう大きくなっている。『サーベラス』は、それよりずっと小さいのだ。

結局、パンターは二五人の乗組員とともにチャタムを立ち、身の毛のよだつような航海をしてようやくマルタ島へ到着する。ここでパンターは、補充の乗組員を確保するために再び苦労しなければならなかった。多くの乗組員が、出港直前に大酒を食らって、故意に牢獄へ放り込まれたのである。スエズ運河では、初めてのオーストラリア行きの船として歓迎されたものの、運河では三度も座礁し、ようやく一八七一年四月九日にポート・フィリップへたどりついた。午後にはウィリアムスタウンにもやいを取っている。

マスコミによれば、この新来者を見ようと、メルボルンの人口の大半が坂を下ったという。アーガス紙は、「港湾防御にあたる軍艦としては、まさに世界最強の存在であろう」と述べ、「最強の遠征艦隊であっても、自身に匹敵する存在を求めたいのであれば、それはここにいる」と書いた。他の新聞は、また違った印象を与えてくれる。絵入りオーストラリア新聞Illustrated Australian Newsは、その四月二十二日号で、「『サーベラス』の接近にともない、その奇妙な外観から大きな失望が渦を巻いた。それは我々の見慣れた軍艦とはまった

く異なり、長い航海のためにマストを取り付けられた姿は、細長いガソリンメーターのようにしか見えないのだ」……引用ここまで

『サーベラス』の船体上には、ブレストワークと呼ばれる装甲区画が載せられている。平面形は小判形で長さは全長の半分くらい、幅は船体より三メートルほど狭く、上甲板の両舷に幅一・五メートルの通路が確保される。高さはやっと二メートルくらいしかなく、内部の梁の下では背をかがめなければならない。

二基の砲塔は船体構造に負担をかけることを嫌って上甲板に大きな穴を設けず、旋回構造のほとんどを上甲板上に置かれており、ローラー・パスは上甲板にあった。旋回部の下半分はブレストワークによって保護されていて、砲塔内への交通は、この下半分の側面にある骨組みの隙間から行なわれた。ブレストワーク上に露出している上半分は強固に装甲されており、当時の砲では突破できないとされている。

この方式は、低乾舷の船体に旋回部全体を装甲した砲塔を載せるアメリカのモニター方式と比べ、二基の砲塔をつなぐ

オーストラリアのモニター・サーベラス。

ブレストワーク部分の装甲範囲が大きく重くなる欠点を持つけれども、ここが機関部の上部を包含するために余裕があり、より大きな機関が搭載できた。また砲塔下部周囲にも余裕があるため、弾薬ばかりでなくさまざまな用具、備品の保管にも便利である。

最も大きな利点は対モニター戦術と関連しており、航洋艦が最大俯角にかまえた砲でモニターの低い上甲板を撃ち抜き、反対舷の装甲鈑を背後から突き倒そうとする戦法への対抗である。海面から二・五メートルほどの高さがあるブレストワーク上の甲板は、航洋艦の下段砲甲板とほぼ同じ高さにあるから俯角射撃ができない。甲板は装甲されているから上段の砲甲板から攻撃されても簡単には突破できず、仮に破られて反対舷の装甲鈑を裏から叩かれても、装甲鈑は吃水線に達していないので浸水しないのだ。

艦首尾には弱点が残るけれども装甲はされているし、目標は小さく、狙う側にはいっそう困難な射撃になる。その間、砲塔からは相手の大きな船体が撃ち放題になるわけだ。

イギリスではその後、一八七〇年の対露戦争危機に際して、ほぼ本艦と同規模同性能のブレストワークモニター『サイクロプス』級四隻を建造し、国内の要所に配備している。また、これを攻撃用に用いる目的で拡大した、一八六〇年代末に建造を始めていた『デヴァステーション』級二隻を完成させ、航洋モニターとしている。これは一万トン近い大型艦だが、大西洋上で砲戦を行なう目的の軍艦ではなく、敵地の沿岸、この場合はフィンランド湾の奥のサンクト・ペテルブルグ面前で作戦を行なうための渡洋可能なモニター型艦であり、モニターを撃ち破るためのもう一つの戦術構想である、目には目をで、より強力なモニターを用いるという戦法に則ったものだ。

船体のほぼすべてを装甲していて帆装を廃した『デヴァステーション』は、後の戦艦につながる特徴を多く持っているため戦艦の祖先として評価されているが、同種艦の計画自体はロシア海軍の『ピョートル・ヴェリキー』が先行しており、前述の用法は建造中の計画変更による航洋性の強化によって、より強く具体化したように思われる。これらの艦は鈍重で、洋上での戦闘能力が乏しいため、回航時には強力な艦隊の支援が必須であり、一流海軍国でなければ敵地への進出は絵に描いた餅でしかない。ロシアの目的はイギリスへ攻め込むものではなく、台頭しはじめていたドイツ海軍への対抗を目的に、バルト海での運用を念頭に置いたものだった。

甲鉄

南北戦争時代、後に日本艦『甲鉄』となったフランス建造のアメリカ艦について触れたが、この艦は幕末にアメリカへわたった使節団が、当時大量に余剰兵器を抱えていたアメリカ軍から武器を調達しようとして、その一部資金で購入したものである。

海軍の縮小によって持て余されていた軍艦は、主に東海岸の淡水域に保管係留されていたのだが、そもそも大西洋をわたってミシシッピ河口へ進出しようとしていた『ストンウォール』には、通常のモニターに比べてずっと大きな航洋性があり、合衆国東海岸から南米ホーン岬を回って太平洋を横断、日本まで航海できる能力があると認められた。これに目をつけた幕府勘定方の小野友五郎は、余っていた資金四〇万ドルでこれを購入し、日本までの回航を依頼した。

艦は木造だが、吃水線部全周に装甲帯を持ち、艦首に巨大な三〇〇ポンド砲を装備する砲廓を、後部に中口径砲二門を備える砲廓を持っていて、蒸気機関とともに帆装も具備している。当時の木造艦ではまったく対抗できず、南北戦争中に洋上でこの艦を発見した北軍艦艇も、遠巻きに監視するだけだったという。

一八六七（慶応三）年にアメリカを出発した『ストンウォール』は、アメリカ海軍のブラウン少佐の指揮の下、南米大陸を一周して太平洋をわたり、一八六八年四月に到着したもののすでに戊辰戦争の真っ只中であり、彼は中立国籍船として引き渡しを拒み、艦は星条旗を掲げたまま横浜沖から動かなかった。このためカネを出した幕府軍はこの艦を入手できず、しばらくして北海道に蝦夷共和国が樹立され、情勢が安定したところで翌年一月、新政府軍に引きわたされている。

『ストンウォール』の回航経路は判然とせず、実際にホーン岬を回ったのか、マゼラン海峡を通過したのかも定かではなく、その後ハワイに寄港しているのだが、その間の経由地がわからない。南米南端からハワイへの直航路は非常に距離が大きく、一般的な航路でもない。通常なら南米西岸に沿って北上し、アメリカ西海岸で整備、補給を受けてハワイへ向かうだろう。直航するにしても、ペルーあたりまでは沿岸を通るのが普通だと思われる。

本艦の石炭積載量はわずかに九五トンしかなく、こうした大航海を汽力で行なうことはできない。帆走するにしても能力が大きいわけではないので甚だしく時間がかかり、清水、食糧の問題がある。回航に幕府の要員として乗り組んでいた幕府海軍方の小笠原賢蔵と岩田平作が何か書き残していたかもしれないが、見つかっていないらしい。回航責任者だったブラウン少佐は、航海日誌の写しを所持していたはずだけれども、これも明らかになっていない。

フランス製で、アメリカの手を経て日本へ渡った甲鉄（後の『東』）。艦首に衝角が大きく突き出している。

さて、新政府に属した『甲鉄』の名は「装甲」を意味する一般名詞であり、そのまま固有名詞ではないのだが、当時の日本には装甲艦がこれ一隻しかなかったので、呼ばれているまま固有名詞同然となってしまったようだ。ちなみに諸外国でも、初期の装甲艦に同じような命名を受けたものがあり、それだけ装甲艦が特殊なものだったということだろう。

『甲鉄』の入手に失敗した幕府軍は、新政府軍の一員として北海道へ攻め寄せてくるだろう『甲鉄』の奪取を目論み、現在の岩手県宮古湾で、碇泊中の『甲鉄』を襲った。湾内には他の軍艦もいたのだが、当時の蒸気が上がっていない軍艦にはまったく行動力がなく、こうした場合への経験も準備もない新政府軍の海軍将兵は、襲ってきた幕府軍艦『回天』に対し、その場しのぎの対応しかできていない。それでも機関銃の前身であるガトリング砲が備え付けられていたとされる『甲鉄』は、幕府軍側の不備もあって斬り込んできた軍勢を排除でき、『回天』は艦長の戦死などを受けて作戦を放棄、撤退した。

このとき、『回天』に装備されていた五六ポンド砲は、『甲鉄』の装甲に対抗するため砲弾の先端に鋼鉄を張ったという記述のある書物があり、だとすれば椎実弾を撃ち出すライフルだったことになる。その砲弾は『甲鉄』に向けて発射されたが、装甲を撃ち抜くことはできず、跳ね返されてしまったとされる。

五六ポンドは二五キログラムほどなので、現代の砲なら一二〇ミリ級だろうが、当時の砲弾は短く、若干軽いので一三〇〜一四〇ミリくらいだろう。これでは至近距離からでも、『甲鉄』の一一四ミリ装甲を撃ち抜くのは難しかったと思われる。対勢を選べず、不利な角度からの発砲であったとすればなおさらである。

アボルタージュによる奪取を逃れた『甲鉄』は、青森へ進出して北海道の幕府軍、すなわち蝦夷共和国軍への攻撃に加わった。一連の戦闘で幕府軍艦『回天』『蟠龍《ばんりゅう》』や、陸上の砲兵との砲戦を行ない、上部構造物や帆柱などに若干の損害を被ったが、装甲はせいぜい凹んだくらいで、大きな損傷にはなっていない。南北戦争やパラグアイ戦争と同様、要塞の砲には旧式なものが多く、野砲は一般に小口径で、装甲艦には適し得なかったのだ。

これらの戦闘のなかでは、『蟠龍』の砲撃によって新政府軍の『朝陽』が弾薬庫の爆発を起こし、失われている。装甲を張った軍艦でなければ、要塞や背水の陣を採った軍艦との戦闘が、相当に危険なものであることが改めて実感された。

ワスカル（Huascar 砲塔艦・ペルー→チリ・一八六六〜現存）

一九世紀の後半、あちこちに小競り合いはあったものの、世界を巻き込むような大規模な戦争はなく、全般には平和な時代だった。この頃に生まれ、大きな成長をとげた装甲艦は、そのほとんどが実戦を経験せず、航洋性が乏しいために巡洋艦任務にも使えず、式典以外では港の隅につながれたままだったものも少なくない。そんななかで、数次の戦闘に従事したばかりでなく、敵艦を撃沈し、大損害も受け、降伏して敵国の旗を掲げるようになっても、なお実戦に参加、現在まだ記念艦として保存されているという稀有の経歴を持つのが、ここに取り上げる『ワスカル』である。

当時、ヨーロッパ列強が世界中に持っていた植民地の中で、南北アメリカ大陸の植民地の多くは本国政府の軛《くびき》を離れ、一応の独立を勝ち取っていた。ペルーもすでに一八二一年にスペインから独立していたが、一八六四年にスペインが宗主権を回復しようとして艦隊を派遣したため、チリの支援を受けてスペインとの戦争を始める。このとき、ペルーはイギリスから装甲艦を二隻輸入した。

これらは一八六六年一月にヨーロッパを発ち、ペルー海軍で任務につくチリ海軍の士官サルセド艦長の指揮により、給炭船を伴って大西洋を南下する。艦隊は、行き掛けの駄賃にアルゼンチン沖で三隻のスペイン商船を拿捕した。しかし、これらが六月に本国水域へ到着したときには、戦争はほとんど終わっており、それ以上の活躍の機会は残っていなかった。『ワスカル』は、このときの二隻のうちの片方で、イギリス、レアード社の手になる砲塔艦である。当時まだ珍しかったコールズ式の砲塔を装備し、砲塔と船体の大部分を装甲鈑で囲っている。そこそこの航洋性を持ち、外洋にしか活動範囲のないペルーでも、なんとか使えるだろう軍艦だった。

小型の航洋砲塔艦としては当時の典型的な設計で、砲塔は中央部に一基だけしかなく、帆装を保持するために小さな船首楼を持つので艦首真正面への射界はない。主船体の水線部全周は、当時の標準的な厚さである一一四ミリの装甲鈑で防御されているが、艦首尾では五一ミリに薄くされていた。水線下はおよそ九〇センチまでが装甲に覆われている。装甲鈑の背後には約三四センチの厚さの木材が、鉄構造の船体との間にクッションとして挟まれていた。主要部の甲板には五一ミリの装甲鈑を張っている。

乾舷は一・五メートルほどしかないものの、舷側には起倒式のブルワークが巡らされ、ある程度の航洋性は備えている。後部には船尾楼のほかにボートを格納する架台などがあり、後方への射界は大きく制限されていた。このような構造は、当時の砲塔艦としては珍しいものではなく、航洋性の確保と砲塔の射界とのジレンマは、蒸気機関の進歩によって帆が用いられなくなっても、なかなか完全には解決されなかった。

艦首は水線下で鋭く前方へ突き出した衝角とされ、ガッチリと補強されている。水密隔壁は五枚あり、とくに艦首のそれは衝角戦法を意識して丈夫なものとされ、舷側の装甲と同じ一一四ミリの厚みを持っていた。ボイラー室の舷側水中部分には水密縦壁が設けられ、二重底は弾薬庫と機関部全体に施されている。

主兵装は二門の二五・四センチ（一〇インチ）砲で、これを背の低い円筒形の砲塔に装備し、両舷に広い射界を持っているけれども、艦首側は中心線から左右一〇度、艦尾側では三二度の範囲には指向できない。砲塔の直径は六・七メートルで、甲板上の高さは二メートルに満たない。側面は一四〇ミリの厚さを持つ錬鉄の装甲鈑で囲まれ、三三〇ミリの木製背板が組み合わされており、正面では背板を薄くして装甲鈑を一九〇ミリに厚くしていた。内側にはさらに一二・七ミリの鉄板が張られているが、これは直撃弾によって飛び出す危険のある、装甲鈑取り付け用ボルトを食い止めるためである。天蓋にも五一ミリの装甲が張られているものの、一部は換気用のスリットになっていた。

砲塔は人力で操作され、三六〇度の旋回には一六人がかりで一五分を要したという。二五・四センチ砲はアームストロング式の一二・五トン前装施条砲で、重量一三六キログラムの砲弾を使用し、装填も含め操作の一切は人力だった。副武装としては旧式の四〇ポンド砲が二門と一二ポンド砲が一門、後部両舷と艦尾に装備されている。

主機は角型のボイラー四基と一基の往復動機関で、初期の装甲艦としては、これまたごく標準的な仕様だった。航洋性の大きくない砲塔艦としては比較的出力の大きな一二〇〇馬力のエンジンが装備され、一二ノットを越える速力は、当時では快速の部類にはいる。四基の角型缶は通常二・一キログラム／平方センチの圧力で運用され、直径一三七センチ、行程九一センチのピストン二基が一本のクランク・シャフトにつながれて、四・三メートルの直径を持つスクリューを最高で毎分七八回転させた。石炭は最大で三〇〇トンを積むことができ、全速で七日半、一〇ノットで一〇日、五ノットでならば一五日間の行動が可能だった。

また、外洋航海のために帆装を持っており、甲板上には二本のマストが立っていた。とくに前マストは砲塔の直前にあるため、通常の艤装では索具が砲塔の側面射界を大きく遮ってしまうので、この艦では前マストを三脚檣にして制限を小さくしている。

イロ沖の海戦（一八七七年五月二十九日）……パコチャ海戦とも

一八七七年五月、ペルーのプラド大統領に、もとの大蔵大臣ピエロラが叛旗を翻し、カリャオにあった『ワスカル』は彼らのシンパによって占拠され、マニュエル・カラスコに指導されて反乱軍側へ属することになった。艦長として、ドイツの退役軍人アステーテが雇われ、指揮を執っている。

彼らはペルーの沿岸都市から金品を徴発するだけでなく、商船を襲って積荷を強奪した。被害者のなかには二隻のイギリス船も含まれており、これらが襲撃されて金品や郵便物を奪われる事態に対し、イギリス政府は強硬な抗議を行なっている。ところがペルー政府は、彼らの行為に対するすべての責任を否定し、これを海賊として処理しようとした。チリ政府に対しても、もしこれが入港することがあれば、逮捕、抑留するよう要求が発せられた。埒があかないと見たイギリスは自力での解決を目論み、海軍が腰を上げることになる。
イギリス海軍の太平洋艦隊司令官デ・ホーゼイ少将もまた、『ワスカル』の行動を海賊行為とみなし、これを鎮圧するべきであるとして、旗艦のフリゲイト『シャー』Shahと、木造コルベット『アメジスト』Amethystを出動させた。この頃のイギリス太平洋艦隊は、カナダ西岸、ヴァンクーバー島南端のエスカイモルトを根拠地としている。

イギリスの鉄製大型巡洋艦シャー。快足を誇ったが装甲はない。

『シャー』は一八七六年に建造されたばかりの鉄構造巡洋艦で、排水量六二五〇トン、一六・四ノットを発揮する大出力のエンジンと全帆装を装備している。一一三キログラムの砲弾を使う二門の二三センチ（九インチ）前装施条砲を上甲板に装備し、砲甲板舷側には一七・八センチ（七インチ）砲八門と六四ポンド砲四門を配置していたが、鉄製船体を持つものの高速力を要求されたこともあって装甲は施されていない。当時の装甲を持たない汽帆装巡洋艦としては非常に大型の艦で、海外での通商保護を目的として建造されていた。

完成直後に太平洋艦隊への派遣が決められ、それまで警備にあたっていた木造装甲艦『リパルス』Repulseと交替している。二三センチ砲の威力は大きかったが、『ワスカル』の装甲を撃ち抜くにはかなり接近しなければならないと考えられていた。一方『アメジスト』は一般的な汽帆装巡洋艦であり、速力も速くはなく、六四ポンド前装砲を一四門装備するだけだった。

ペルー海軍とすれば『ワスカル』が、自国のもう一隻の装甲艦『インデペンデンシア』と相討ちになるような事態は歓迎できない。かといって、イギリスに捕獲されたり、沈められるのもありがたくはないのだが、これといって効果的な手段を持っているわけではない。すでにペルーとイギリスの蜜月状態は終わっており、イギリスはチリ寄りの態度を鮮明にしてきている。反乱者たちの後ろ盾となっているチリへ逃げ込まれてしまえば、船体は返還されるにしても、反乱を起こした乗組員が逮捕、引きわたされる保証はない。

五月二十九日、イギリス艦隊はペルー南部のイロIlo近辺で『ワスカル』を発見する。短い追跡の後、速力に勝るイギリス艦隊は『ワスカル』の進路を遮断し、停船させた。

デ・ホーゼイはレニエー副長を使者として送り、降伏を勧告する最後通牒を突きつける。素直に降伏すれば乗組員の生命は保証するとし、指導者たちも中立地帯へ送り届けると約束している。しかし、ピエロラはこれを承諾せず、内政干渉だとして勧告をはねつけた。返答を携えたレニエーがもどっていくと、ピエロラは乗組員に、「これはもう革命うんぬんの問題ではない。我々はペルーの旗を下ろせと言われているのだ。アメリカの名にかけても、そんなことは受け入れられない。ペルー万歳！」と檄を飛ばす。

十五時六分、『シャー』は約一七〇〇メートルの距離で発砲し、急速に速度を上げながら、繁雑に動き回る戦法を採った。この距離は、当時の砲術では命中を期待できない遠距離である。これは『シャー』が非装甲艦なので、『ワスカル』と腰を据えた撃ち合いができないためであり、動きの鈍い『ワスカル』に十分な照準の時間を与えない目的だったが、当然自分の砲も照準がままならず、接近を避けたことから命中はほとんど期待できなくなった。『シャー』の備砲は舷側に並んでいるから、接近しながらの発砲がむずかしいため、接近しつつ距離を決めて転舵し、目標に側面を向けて射撃する。舷側を向けたままでは標的が大きくて危険だから、接近と離隔を繰り返すわけだ。

この戦闘はおよそ二時間半におよび、イギリス側の記録によれば約三〇〇発の砲弾が発射され、七〇〜八〇発が敵艦を捕捉したものの、有効な命中弾はわずかに一発のみで、水線上六〇センチの部分を斜撃し、装甲鈑を四五センチの長さで五センチほど凹ませただけだったという。上部構造へは若干の命中弾があったようだが、大きな被害にはなっていない。これにはイギリス側の戦法のせいもあるものの、『ワスカル』が、転舵によって標的面積を最小にするような行動をとったためともされる。『アメジスト』も機会があるごとに戦闘に参加しているが、やはり効果的な射撃は行なえなかった。

イギリス艦の砲撃は、もっぱら遠距離からのものに終始している。本来、至近距離からの水平弾道での直撃でしか命中を期待できない大砲を遠距離から放物線弾道で使うのだから、これではまぐれ当たりくらいしか期待できない。訓練にしても、遠距離射撃など十分に行なえているはずがないのだ。僻地では弾薬の補給すら、ままならないのだから。

一方この間、『ワスカル』主砲塔からの射撃も五回が観測されたに止まり、『シャー』に三発の至近弾があっただけで命中弾はなかった。『ワスカル』は反乱艦であり、中枢士官は退艦していたと思われ（陸へ降りたか、海へ降ろされたかは知らないが）、砲を操作できる技術者がどれだけ残っていたかも疑問である。

デ・ホーゼイの報告には、「互いに相手の回りをグルグル回るだけ」の戦闘で、「奇跡的に珍しい」ほどに『ワスカル』砲手の技量が低かったと述べられている。しかし、それならば『シャー』が機に乗じた接近戦を挑まなかったことが疑問となる。

ここで、この低調な戦闘を歴史に残すことになった出来事が発生した。

十七時十四分、両艦は接近し、三六〇メートルの距離で、『シャー』からホワイトヘッド魚雷が発射されたのである。洋上における世界最初の魚雷使用であった。同じ年、黒海でのロシア、トルコ間の戦争でも用いられているけれども、洋上で航洋軍艦から行動中の航洋軍艦へ向けて発射されたのは初めてなのである。

当時の南米の片田舎では、その詳細を知る人も少なかった新兵器だから、『ワスカル』は何が起きたのかわからないうちに吹き飛ばされるはずだったが、たまたま『ワスカル』が発射直後に転舵したため命中しなかった。

『シャー』は魚雷を発射函に装備しており、これからの発射がかなり目立つ作業であるため、どうやらこれが『ワスカル』の注意を引き、不安を感じさせたために逃げられたのだろうと推測されている。当時の魚雷は、速力一〇ノット、最大射距離九〇〇メートルというカタログ値だったが、実際には大分下回っていたようだ。

このときの『シャー』の航海日誌への記載には「距離四〇〇ヤードで、左舷からホワイトヘッド魚雷を発射した。魚雷の航跡は『ワスカル』までの半ばに達したが、発射のときには側面を向けていた『ワスカル』は転舵して艦尾を向けた。明らかに、魚雷は標的よりも速くはなかった」とある。

十七時四五分、『ワスカル』はイロの町に接近し、『シャー』と町の間に位置するように操艦したため、イギリス艦の砲撃が町にとって危険となり、日没もあって戦闘は中断した。『ワスカル』は上構に若干の損害を被っているけれども、『シャー』と『アメジスト』には索具を切断される以上の被害は出ていない。『ワスカル』はそのままイロ港に退避したが、町は反乱に与していなかったとはいえ、『ワスカル』を攻撃しているのは外国艦であるから、対応は単純ではなかっただろう。

日没後、イギリス艦隊は港内の『ワスカル』に対し、スパー・トーピードーを装備した艦載蒸気艇と、これに曳航される、ホワイトヘッド魚雷を吊り下げたカッターによる攻撃を企てたものの、その停泊位置をつかめなかったために失敗した。翌朝、『ワスカル』乗組員はペルー当局に投降している。（夜半に港を脱出したという説もある）

『ワスカル』は都合六〇回の斉射を受けたが、主要部にはわずかに二三センチ砲弾一発が命中しただけである。破片などで海兵隊員一名が戦死し、一名の士官と二名の乗組員が負傷しているものの、戦闘力には何の影響もなかった。デ・ホーゼイは、威力のある砲を多く持っていたのだから、より接近して攻撃する必要があったと批判されているけれども、装甲がなく、衝角も持たない艦としてはやむをえない面もある。

この年の初めに『シャー』が配備されるまでは、旧式とはいうものの装甲を施された『リパルス』（一八七〇年建造、排水量六一九〇トン、一二・五ノット、装甲一五二ミリ、兵装二〇センチ砲一二門）が太平洋艦隊の旗艦を務めており、これとの戦闘であれば、また違った様相を呈しただろう。公試でこの速力だと、実戦ではどちらが速いか微妙なところなので、戦闘にならなかった可能性もある。この戦闘は当時珍しい艦対艦の戦闘であったため、世界中の海軍関係者の耳目を集め、平時の海外勤務向けに造られた装甲のない巡洋艦の心理的な脆弱さが浮き彫りになった。

これに懲りたイギリスは、一八七八年に『トライアンフ』Triumph（一八七三年建造、排水量六六四〇トン、一四ノット、装甲二〇三～一五二ミリ、兵装二三センチ砲一〇門）が『シャー』と交替して以後、太平洋岸に装甲艦を常駐させるようになる。

イキケの海戦（一八七九年五月二十一日）

一八七九年四月、チリとボリヴィアの間に戦争が勃発した。硝石の産地であるアントファガスタ地方の領有を巡る争いだったが、ボリヴィアとの間に秘密条約を結んでいたペルーは、ボリヴィア側に立って参戦する。歴史学上で太平洋戦争The Pacific Warと言えば、この戦いを指す。

ボリヴィアは当時、太平洋岸に領土を確保していたが、海軍と呼べるほどの軍艦は持っていない。『ワスカル』の他にペルーが保有したもう一隻の装甲艦は、舷側に砲門を持つ中央砲門艦『インデペンデンシア』Independenciaで、排水量三五〇〇トン、船体吃水線部と砲廓には一一四ミリの装甲を持ち、このときには上甲板に二〇センチ砲と一八センチ砲を各一門、砲廓に七〇ポンド砲一二門を装備していた。ボイラーを換装したばかりで一二ノットが可能だった。

コルベット『ウニオン』Unionは、武装こそ旧式だったけれども、もともと南北戦争時代に封鎖突破船として建造されたので速力は速かった。さらにモニターが二隻、木造砲艦『ピルコマヨ』などもある。他にペルー政府は四隻の蒸気船を徴発して武装輸送船としていた。

チリ海軍は、一八七四年と七五年にイギリスで進水した、はるかに新式の装甲砲廓艦『ブランコ・エンカラーダ』Blanco Encaladaと、『アルミランテ・コクレーン』Almirante Cochraneを保有しており、ともに二三センチ二五〇ポンド前装施条砲六門を搭載、小口径砲とノルデンフェルト機銃も装備して、水線部二二九ミリ、砲廓二〇三ミリの錬鉄装甲鈑による防御を持っていた。速力は最良の状態で一二～一三ノットで、帆装も備えていたが、臨戦態勢によって陸揚げされている。

一八七九年の状態では、どちらもボイラーがくたびれ、船底に付着物がびっしりと取り付いており、早急なドック入りを必要としていて、せいぜい九～一〇ノットが発揮できるにすぎなかった。しかし、チリにはこれを収容できる乾ドックがない。他にはやはり、ペルー同様若干旧式に属するコルベットなどがあった。

この時代、南米太平洋岸に鉄道はほとんどなく、港から内陸部への短い線路が敷かれているだけだったから、海岸線に沿った陸上交通路は歩路しか存在していなかった。海岸に点在する多くの町々は、不毛の荒れ地や砂漠で隔てられているため、島と何ら異なるところがなく、海上交通の支配はこの上もなく重要だったのだ。チリはまず、海上で主導権を取るべく攻撃を実行する。

一八七九年四月五日、チリのリボレード少将は、ペルー南端の都市イキケ沖に、『コクレーン』『エンカラーダ』他を率いて進出し、チリ系住民の移動を手配した後、これを封鎖した。

五月中旬、ペルー艦隊は、カリャオからアリカへ船団によって陸軍部隊を輸送した。この報告を受けたリボレード提督は、イキケの封鎖に二隻の旧式艦を残し、ペルー艦隊をもとめて北上する。チリ艦隊がペルー艦隊より速力で劣るため、その基地で捕捉する必要があったのだ。これを知らされたペルー艦隊は、イキケ港封鎖の残存艦隊襲撃を企てて出動する。チリ艦隊が陸岸に沿って航海したため、外洋を南下した『ワスカル』と『インデペンデンシア』は水平線のわずか向こうですれ違い、首尾よく姿をくらました。

五月二十一日朝、ペルー艦隊がイキケ沖に到着したとき、そこには老朽化した『エスメラ

チリ海軍のスループ、エスメラルダのプラット艦長。

ルダ』Esmeralda（八五〇トン・七ノット・四〇ポンド砲一四門）と、小さな『コヴァドンガ』Covadonga（四一二トン・八ノット・七〇ポンド砲二門）だけが残っており、来襲したペルー艦隊には対抗する術もなかった。『エスメラルダ』は退避を始めたが、速力を上げようとした途端、継ぎのあたったボイラーが蒸気圧に耐えられず、破裂して出力が半減してしまう。

旗艦『ワスカル』に乗るペルー艦隊先任艦長グラウMiguel Grauは、ただちに攻撃を命令し、チリの二隻は退却しながら戦闘に備えた。『インデペンデンシア』はムーア艦長に指揮され、『エスメラルダ』艦長はプラットArturo Prat将校、『コヴァドンガ』艦長はコンデルCarlos Condell将校である。

午前八時、戦いの幕は切って落とされ、『ワスカル』は『エスメラルダ』を、『インデペンデンシア』は『コヴァドンガ』をそれぞれの目標とした。状況はチリ側にとって絶望的であり、『エスメラルダ』は速力が出せないまま『ワスカル』との砲戦に巻き込まれてしまう。しかし、プラットは怯まず、不利を少しでも補うために艦を敵とイキケの町の間に置いたので、『ワスカル』は味方を攻撃しないように細心の注意を払わなければならなかった。グラウは三時間にわたって攻撃を続けたものの、『エスメラルダ』にトドメを刺すことができず、接近戦になるとチリ艦の小口径砲に悩まされ、損害が増えたため衝角攻撃を決意した。

彼の『エスメラルダ』への衝撃はわずかに外されたが、小砲の掃射によって『エスメラルダ』艦上に惨禍をもたらした。これを見たプラットは両艦が接触したとき、「斬り込むぞ、皆の者続け！」〝Al abordaje, muchachos !〟と叫んで『ワスカル』に飛び移り、味方の乗員を呼んだ。ところが、とっさの行動だったことと、両艦がすぐに離れたため、乗り移れたのはわずかに海兵隊軍曹のアルデアJuan de Dios Aldea一人だけでしかなかった。これでは結果は火を見るより明らかであり、降伏の呼びかけを拒絶したため、彼らはあえなく打ち倒されてしまう。

『エスメラルダ』艦上では、敵司令塔に向かって進みながら倒れる二人を見ているだけで、拳を振り上げる以外なす術もなかった。悲劇は部下の眼前で進行したのである。すぐに、二度目の衝撃が『ワスカル』によって行なわれ、かろうじて激突は避けられたものの、再び艦と艦は接触する。今度は将校セラノSerrano以下の十数人が亡き艦長に続いたけれども、これを予期して待ち構える相手の敵ではなく、やはり全員が撃退されてしまった。

この衝撃で『エスメラルダ』の機関は動かなくなり、浸水が始まる。『ワスカル』による三度目の突撃では、すでに『エスメラルダ』は不動の標的でしかなく、十二時十分、直角に衝撃された『エスメラルダ』は、軍艦旗を翻したまま沈没した。およそ二〇〇名の乗員中、六三名が救助されたにすぎない。

一方、『インデペンデンシア』と『コヴァドンガ』の戦いは、意外にも、より大きく、より強力なペルー装甲艦の喪失によって幕を閉じた。追跡を受けた『コヴァドンガ』は海岸すれすれを逃走し、吃水の深い『インデペンデンシア』は、浅瀬をかわしながらの困難な攻撃を余儀なくされている。

当時の砲は、いくらかでも距離があれば命中率は極端に低減し、ほとんどまぐれ当たりになってしまう。ところが接近できた『ワスカル』では、水平な弾道のために砲弾が貧弱な木造船体を突き抜けてしまい、なかなか致命傷が与えられなかったのだ。砲数が少なく、信管の感度が鈍いためでもある。発射速度が遅いこともあり、砲撃戦自体は非常に間延びしている。

『インデペンデンシア』も、やはり砲による攻撃が功を奏さないため業を煮やし、これを衝撃しようとして『コヴァドンガ』を追い回したあげく十一時四十五分、岩礁に衝突してしまったのである。浅瀬や暗礁が点在する水域で、命中弾のために操舵手が負傷し、一時操艦不能になったためだったという。

コンデルは座礁して動けなくなった『インデペンデンシア』へ死角から接近し、思う存分砲弾を撃ち込んだので、『インデペンデンシア』は大きな損害を被っている。やがて、『エスメラルダ』を撃沈した『ワスカル』が僚艦を救出に来たために、『コヴァドンガ』は追い払われたものの、『インデペンデンシア』の状況は悪く、短時間での離礁は絶望的だった。やむをえず、グラウは乗組員を自艦に収容すると、これを爆破してしまう。『インデペンデンシア』の戦死者は二六名を数えた。

この戦闘は、『インデペンデンシア』の喪失という重大な結果を招いたのみならず、プラット艦長と『エスメラルダ』の英雄的最期がチリ国民の敵愾心を煽り、以後の戦争に大きな影響を与えた。チリ海軍は『エスメラルダ』とその艦長アルツーロ・プラットの奮戦を称え、その名を自国の軍艦にたびたび採用している。この日、五月二十一日は、今なおチリの海軍記念日とされているのだ。

それでも、ペルーにはカリャオに強力な基地を持つ有利があり、ここのドックによって、艦艇は良好な状態を維持することができた。イキケの戦闘で『ワスカル』の三脚檣は傷つき、とくに左の脚は折れる寸前であったため、戦闘中には帆を使わないこともあり、このマストは撤去されている。『ワスカル』の勝利によって、グラウは少将に昇進した。一方、イキケは再び封鎖されてしまっている。

七月九日、『ワスカル』はイキケ沖に現われ、海岸沿いを航行するチリの砲艦『マガラネス』に、二度にわたって衝角攻撃を仕掛けたものの成功しなかった。このとき、遠距離に『コクレーン』を発見したため、『ワスカル』は逃走している。これに続く三週間、快速のコルベット『ウニオン』を従えた『ワスカル』は、チリ沿岸を荒らし回りながらも、優速を利して不利な戦闘を避け続けた。この行動はまさに巡洋艦による通商破壊戦そのものであり、チリの各都市は恐怖のどん底に突き落とされている。

七月二十六日、『ワスカル』は最大の獲物にありつく。騎兵隊を載せたチリの輸送船『リマク』Rimacを拿捕したのである。さらに八月二十七日夜、レイ誘導魚雷を使って、イキケ沖にあったチリのコルベット『アブタオ』Abtaoを攻撃した。しかし、発射された魚雷はコントロールを失い、目標に向かって進行する代わりに、『ワスカル』へ向かってもどってきた。危うく命中をまぬかれたのは、一人の士官が海へ飛び込み、魚雷の進路を逸らせたためと言われる⁉

翌日の午前十一時、『ワスカル』は長射程で『アブタオ』ならびに『マガラネス』と砲火を交わしたが、大きな戦果は得られなかった。それでも、チリ側には二〇人の死傷者が出ている。

この間、チリ政府は思い切った遠征軍の派遣もできず、陸上を移動する術のない軍隊は、切歯扼腕するだけでしかない。『ワスカル』を捕らえられないことへの批判も大きくなり、ピント大統領は担当大臣を更迭して矛先をかわした。新大臣は艦隊戦力の一新を図る。『コクレーン』は、ヴァルパライソで潜水夫を入れて船底の掻き落としを行ない、主機関をオーバーホールして艦隊へ復帰した。速力は『ワスカル』に匹敵する一一ノットを回復しているが、ペルー側はこれを知らない。艦隊ではリボレード提督が更迭され、『エンカラーダ』に座乗するリベロス提督が指揮を執っている。

アンガモス岬沖海戦（一八七九年十月八日）

この海戦についての詳細は、やはり「巨砲艦」中で述べているので重複は避け、簡単な経緯と事後の調査について記すことにする。

汽帆装コルベット『ウニオン』を伴った『ワスカル』は、チリ北部で作戦を行なっていたのだが、この日の早朝、チリ艦隊に捕捉されてしまう。ほんの一～二ノットの差ではあるものの、優速を利して脱出しようとしたペルー艦隊は、チリのもう一つの艦隊にも発見され、挟み撃ちになってしまった。

より強力な二隻のチリ装甲艦『ブランコ・エンカラーダ』と『アルミランテ・コクレーン』が『ワスカル』を挟撃し、およそ一時間半の砲戦の後『ワスカル』は降伏、自沈に失敗して捕獲されてしまった。

近くの港で応急修理を受けた後、ヴァルパライソへ曳航されつつあった『ワスカル』は、たまたま居合わせたアメリカ合衆国の巡洋艦『ペンサコラ』乗り組み士官の検分を受け、被害状況のスケッチとレポートが残された。

『ワスカル』には重砲弾だけで二七発の命中があり、乗組員の戦死は三八名、負傷者は四〇名を越えている。全乗組員のおよそ四割にあたる死傷者の率は、沈没しなかった装甲艦としては非常に大きい。

図は『ワスカル』の上甲板平面図で、矢印は砲弾が飛来した方向の推定だが、砲塔への命中弾は、その瞬間に砲塔の指向していた方角がわからないため、砲塔そのものに対する方向である。落角はほとんどなく、弾道はほぼ水平直線と考えて差し支えない。かなりの数の砲弾が炸裂しておらず、貫通に際して破損し、不全爆発した砲弾もある。図のA～Tは以下の解説と対応するが、命中順序は不明である。

A、砲塔天蓋付近を正面から貫通、右砲の砲耳付近で不全爆発した。これによって右砲は発砲不能となった。
B、砲塔右側面を貫通、砲弾は内壁に沿って砲塔内を回り、左砲砲尾付近で爆発した。
C、右舷中央部、水線装甲帯を貫通、機関科員室で炸裂した。破片は機関室隔壁に達している。
D、右舷後部、水線装甲帯を貫通、士官室で爆発し、火災を発生した。
E、右舷後部、水線装甲帯を貫通、艦長室で爆発し、舵機が破損した。
F、艦尾右舷側を貫通、Eと同じ損害を発生した。

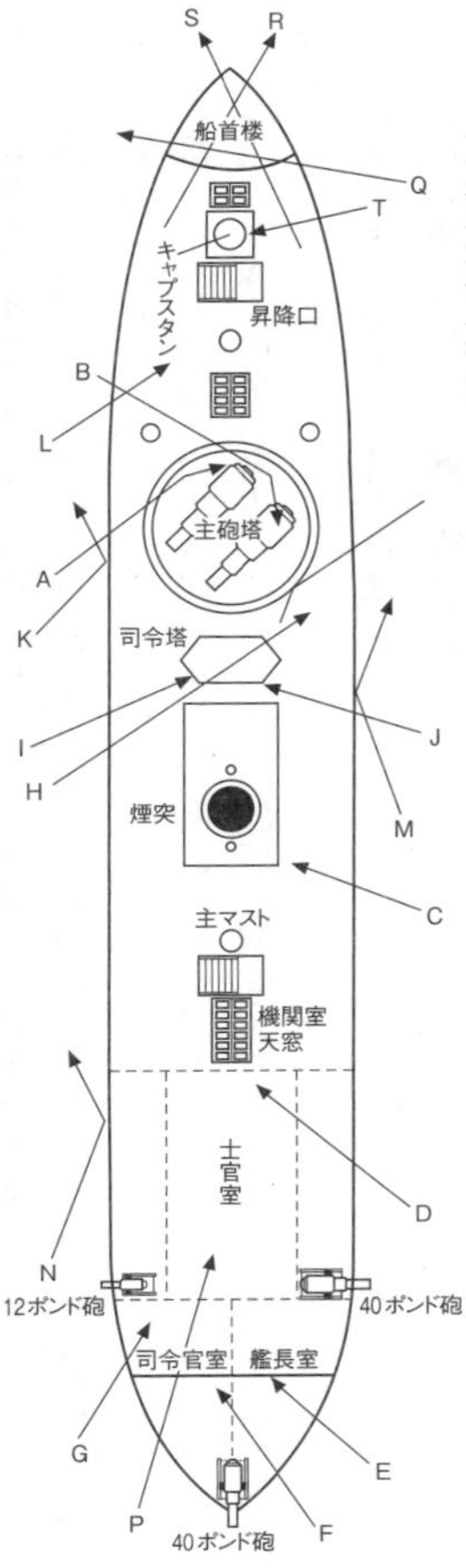

ワスカルの被害状況平面図（矢印は重砲弾の命中位置と方向）

G、左舷後部、水線装甲帯へ命中、司令官室で爆発、火災を起こした。
H、左後方から司令塔へ命中、右舷側へ貫通し、右前方と左後方の装甲鈑を脱落させた。
I、左後方から司令塔へ命中、炸裂した。
J、右後方から司令塔へ命中、炸裂した。背面装甲板の上部を破損した。
K、左舷の水線装甲帯へ命中、炸裂して一時砲塔の機能を停止させた。（おそらく最初の命中弾）
L、左舷前部の水線装甲帯を貫通した。
M、右舷の水線装甲帯に跳ね返された。
N、左舷後部の水線装甲帯へ命中、貫通しなかったものの、爆発で左舷小砲が破損した。
O、砲塔の左側面に命中、擦過し、海中で爆発した。
P、後方から船尾楼を貫通した。
Q、右方向から船首楼後部を貫通した。
R、後方から船首楼を貫通した。
S、後方から船首楼を貫通した。
T、右方向から水線装甲帯へ命中、破片がキャプスタンを破壊した。

数字上は、この他にも大口径砲弾七発が命中しているはずなのだが、資料には記載がない。小口径砲弾の命中もかなりの数になると思われるものの、これも記録は残されていない。スケッチを見るかぎりでは、砲塔右前面甲板近くに命中痕があるので、貫通しなかったのかもしれない。

ボート類は、捕獲直後の写真では左舷側ダビットに一隻が吊るされているものの、本艦固有の艦載艇かどうかはわからない。ガフや旗竿類は欠落し、煙突も穴だらけである。マストの索具なども相当に損傷を受けている。

後部に搭載された砲が、左右非対称な配置になっている理由は明らかではない。後方に占位する敵艦に対し、少しでも大きな砲で対処しようとしたのかもしれない。双方は同一甲板上にあり、移動そのものは不可能ではない。

アンガモス岬沖海戦直後のワスカル。破線の部分は戦闘によって失われたと考えられた部分。

この戦闘により、古い船というハンデを差し引いても、十分な威力を持った砲を用いれば、装甲艦が決して難攻不落ではないことが証明されている。砲弾による撃沈が困難な事情は、非装甲艦に対しても同様であり、イキケで二隻の旧式艦に手を焼いた状況からしても、装甲艦に特有の性質ではなかったことがうかがえる。これは砲弾の能力が不十分だったことと、弾道が水平に近いため、水線下への被害が発生しにくいことからきている。近弾となった砲弾は水面で反跳してしまうため、水中弾にはなりにくいのだ。

この戦闘以後、チリは海上を完全に管制し、海軍はペルー南部の港を全面的に封鎖するべく行動を始め、陸軍への作戦支援を開始した。ペルー、ボリヴィアの連合軍は八万八〇〇〇の兵力を持っていたが各地に分散しており、海軍の支援を受けた三万のチリ遠征軍に対して、効果的な対抗ができなかった。

『ワスカル』は修復され、チリの旗の下に海上へもどると、十一月にはペルー南部の封鎖作戦に参加している。一八八〇年二月二十七日には、アリカで要塞との激烈な砲戦の後、古いエリクソン・タイプのモニター『マンコ・カパク』と戦闘を行なった。海戦そのものは決着がつかなかったが、至近距離での激しい砲撃戦が行なわれたという。

『ワスカル』は、『マンコ・カパク』が水雷艇を伴っていたために衝撃戦法が実行できず、三脚檣の代わりに取り付けていた新しい前檣を命中弾で失い、この一発でトンプソン艦長も戦死した。さらに船体にも一発が命中、合計七名が戦死、九名が負傷している。『ワスカル』は三五発の主砲弾を発射して離脱したが、『マンコ・カパク』を撃沈することはできなかった。

同年四月、チリ海軍はペルーの主要港カリャオの封鎖に踏み切った。『ワスカル』を含むチリ艦隊は二十二日、カリャオ要塞と港内の艦船に対して、遠距離から砲撃を行なったものの大きな戦果は得られなかった。艦砲射撃は五月十日にもくり返され、このとき『ワスカル』はまたも危険な命中弾を受けている。三発の命中弾のうち一発が水線下に命中し、その区画に浸水したものの、被害のそれ以上の拡大は防がれた。

十一月十八日、チリ軍はペルーの首都リマを攻撃すべく、カリャオ近辺に上陸を始めた。リマは翌年一月十七日に陥落している。その翌日カリャオも降伏し、以後ペルー軍は山岳部へ立てこもり、実質的に孤立無援となった。それでも平和がもどるのには、一八八四年にアンコン条約が締結されるのを待たねばならなかったのである。

その後、『ワスカル』の主砲はイギリス・エルジック社の二〇・三センチ（八インチ）三二口径後装砲に換装された。これは新型の砲架に載せられ、砲眼孔の限界である一一度の仰角で八〇〇〇ヤード（約七三〇〇メートル）の射程を持っていた。砲塔には旋回のための蒸気動力を備え付け、一周は五分に短縮されている。

一八八二年、『ワスカル』は再び改装を受け、後部の砲が一二センチ後装砲に換装された。スクリューが取り替えられ、蒸気動力キャプスタンと、イギリスから船積みされてきた新しい司令塔も取り付けられた。艦橋は近代化され、ボイラーも新型になっている。これらの工事は、ヴァルパライソのカレタ・アバルカ造船所で行なわれた。

一八九一年に起きた内戦では、『ワスカル』に活躍の場はなく、港湾の警備を行なうだけで汚名を着ることもなかった。

チリ海軍は、苦戦の末に捕獲した『ワスカル』を記念艦とし、ヴァルパライソの南三八〇キロのタルカワノに、現在なお保存している。その甲板には、敵味方にかかわらず、ここで命を落とした五人の勇敢な人々、プラット、アルデア、セラノ、グラウ、トンプソンの名を記したモニュメントが置かれている。

扶桑

こうした時代、装甲軍艦の重要性を感じていた日本海軍は、イギリスの造船官リードの設計による比較的小型の装甲艦を一八七五（明治八）年度計画で建造することとし、サミューダ造船所に発注した。これは一八七八年一月に完成し、日本へ回航されている。

当時、イギリスから中国艦隊の旗艦として派遣されていた装甲艦『アイアン・デューク』を意識し、その小型版として発注された。単煙突で帆装を持ち、艦首には衝角を取り付けていた。中央部に設けられた装甲砲廓は、首尾線方向への射界を確保するために舷側から張り出しているが、要目表にある幅の数値は砲廓を含まない。縦横比が小さく、相当に肥えた船型で、吃水を浅く造られている。

主たる砲にはドイツのクルップ社製が採用され、主甲板中央部にあって両舷に張り出した砲廓の四隅に二四センチ砲を置き、その上に一七センチ砲を重ねて露天装備するという、フランスの中央砲廓艦『ルドゥタブル』を思わせる配置だった。しかし船体が小さいため主砲廓は海面からの高さが非常に小さく、荒天時の戦闘能力には疑問がある。タンブルホームは小さく、射界確保の必要から砲廓の張り出しが大きいものの、〇度方向への射界はギリギリと思われる。

その装甲は、吃水線部分で最厚二二九ミリ、砲廓二〇三ミリだから、当時の大型化しつつあった主力装甲艦に比べればやや劣勢である。すでにイギリスでは複合甲鉄が採用されていたけれども、本艦には用いられていない。こうした小型装甲艦は、少数のモニターや沿岸用軍艦を除けば、この時代を最後に建造されなくなり、費用の割に効果の小さいものと考えられるようになった。

日本の装甲艦扶桑（初代）。中央に装甲砲廓があるが、下段の砲門は海面からの高さがなく、荒天時には使いにくかった。

『甲鉄』はすでに老朽化しており、『扶桑』は日本海軍唯一の主力装甲艦として長く艦隊の中心にあったけれども、主に金銭的な問題で代替艦はなかなか実現していない。日清間の緊張を迎えて主砲以外の砲を新式砲に換装し、ボイラーを更新したが、肥えた船型もあって速力は向上しなかった。そのまま日清戦争を迎えている。

一八九四（明治二十七）年の鴨緑江海戦（黄海海戦）では、主力ではあったものの劣速で、機動戦を仕掛けた艦隊についていくのもままならなかった。清国の主力艦『定遠』『鎮遠』に比べれば半分の大きさしかなく、正面から太刀打ちできる実力ではない。艦隊はこのこともあって速力の優位を利した戦法を採り、大捷につなげているが、置いていかれる形になった本隊最後尾の本艦は、かなり危険な状態に陥った瞬間もある。日露戦争にも参加し、一九〇八（明治四十一）年に除籍された。

『扶桑』の発注にあたっては、日本側から仕様と性能の要求書が出されているけれども、その記述では船体寸法に細かな端数が記されている。単位は尺、寸なのだが、当時の日本人にそんな細かな指定ができたはずはなく、造船所側の提示した数字を逆引きしたと思われる。ところがその数字は、フィート、インチに換算しても不自然な端数だらけなのだ。どうやらこれは、換算にあたっての尺とフィートを取り違えたミスが原因らしい。ずいぶんとお粗末な話だが、形式的な書類上だけの問題だから、実害はなかったのだろう。

ルドゥタブル Redoutable（フランス・中央砲廓艦）一八七八年

『扶桑』に砲廓の配置が似ているとして名を挙げたフランス海軍の『ルドゥタブル』は、一八七三年に起工され、一八七八年十二月三十一日に就役したとされるから、一八七五年の『扶桑』よりだいぶ早くから工事が始められ、完成は一年近く遅いことになる。排水量が倍以上の八八五八トンもあるのだから、いくらか余分な時間がかかるのは当然だが、この当時のフランス造船界の、とくに自国用軍艦の建造所要時間は異常に長く、この艦のほぼ六年はこれでも短いほうなのだ。一万トンほどの主力艦では、一〇年を越えるものも珍しくない。

最大の理由は、設計変更が工事の遅れをもたらし、その間に技術が進んでさらなる設計変更が必要になり、それがまた工事を遅らせるという悪循環にあるようだ。例えば、すでに取り付けられた装備や構造物が、装甲鈑を五センチ増厚する変更がなされたためにいったん外されなければならなかったというようなことだ。造船所の能力の問題ではなかった証拠として、一部工事を急いだものや、外国へ輸出した艦では、長めではあっても非常識なほど時間がかかってはいないことが挙げられる。

ルドゥタブル。煙突の下で張り出している部分が装甲砲廓。射界を確保するための大きなタンブルホームに注意。

『ルドゥタブル』は一八〇五年のトラファルガー海戦の折、ネルソン提督を狙撃した兵が乗っていた戦列艦の名であり、これを襲名したものだ。トラファルガー海戦時の『ルドゥタブル』は、捕獲されたのちに沈没してしまっているから、イギリスに名前を使われなかったのは幸いだった。一九世紀中には英仏ともこうした例が多くみられ、二国間関係がけっして良好だったわけではないことを現わしている。こうした相手を刺激するような行為も、二〇世紀を迎えるころにはほとんどなくなった。もっともこの名は歴史も長く、フランス海軍内での武勲艦の襲名ということでもあり、最近の戦略ミサイル潜水艦にも使われている。

本艦はフランスでの中央砲廓艦の第一着とされ、船体の一部には鋼鉄が用いられたものの、装甲鈑そのものはまだ錬鉄製である。強力な衝角を持ち、二軸ということもあって運動

ルドゥタブルの装甲砲廓平面図（装備されているのは27.4センチ後装砲）

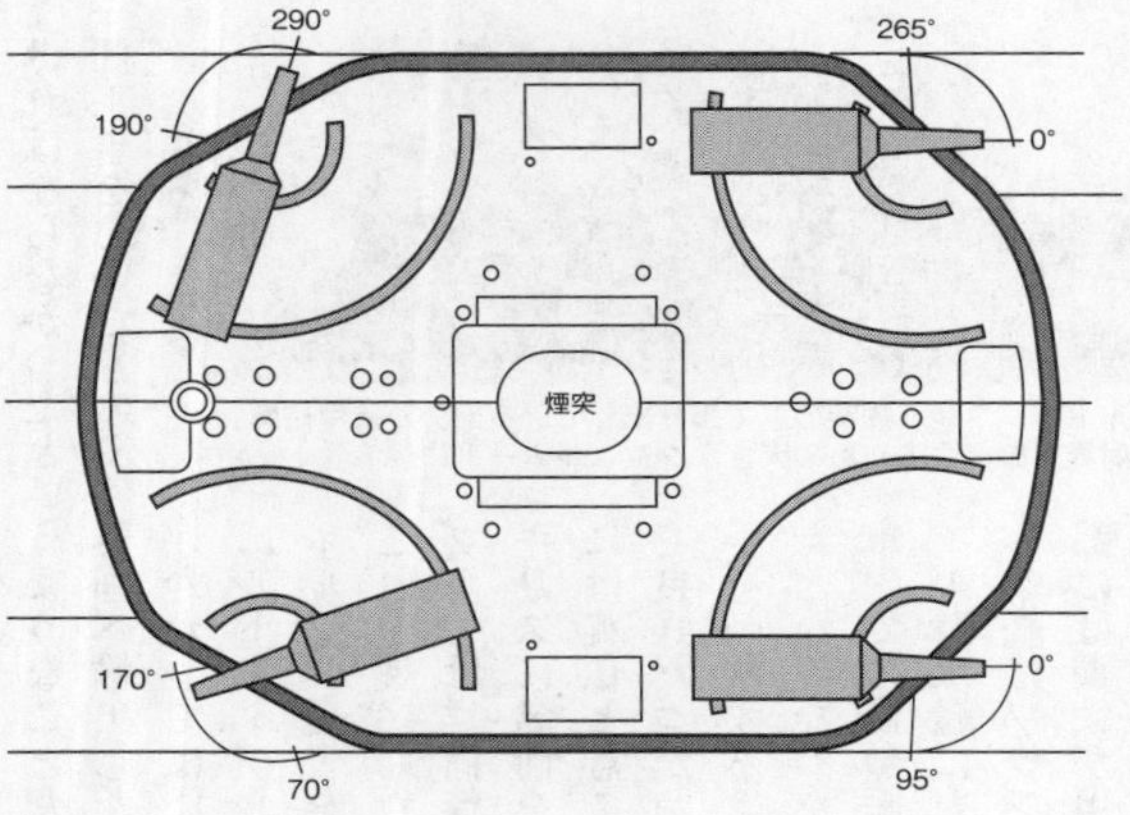

性はよい。艦中央部に強固な砲廓を持ち、その四隅に当時最大に属する大口径の二七・四センチ後装砲を四門装備している。さらに砲廓上の露天甲板に左右一門ずつ、艦首と艦尾にも一門ずつ、合計八門を装備していた。

中央砲廓の四隅の砲から首尾線方向への射界を広く取るため、吃水線上船体の上半分は大きく内舷側にくぼまされて、顕著なタンブルホームを形成していた。艦首〇度方向へ発砲した場合、砲弾は外板から一〇センチのところを通過するのだが、とくに破損の発生はなかったとされる。この形状には上半部の重量を軽減する作用もあるため、上部が重くなりがちな装甲艦には都合の良い手法であり、程度の差はあれ採用した国は少なくない。それでも本艦の場合、船体上部の幅は吃水線部分の半分ほどしかなく、その極端な形状はフランス装甲艦の大きな特徴となった。

本艦には完成時とされる標準排水量の内訳に細かな数字が残されているので、紹介しておこう。トン以下の端数は省略してある。艤装品を含む船殻重量三四六〇トン、厚さ最大三〇〇ミリに達する装甲鈑と取り付け金具など二五〇二トン、ボイラー、主機、推進器一一〇九トン、補機二九トン、砲、砲架、弾薬、装具六三二トン、魚雷関係二一トン、マスト、索具、帆、用品二三五トン、乗組員四五日分の食料など用品と容器六一トン、二八日分の水と容器七三トン、燃料五三〇トン、艦載艇三〇トン、七〇〇人の乗組員、寝具、その他八九トン、その他補給品八七トン、合計八八五八トンである。

当初の計画値は八二四八トンで、これが様々な変更を加えられて六〇〇トンほど増加したのだろうが、そのあたりのいきさつは明確ではない。舷側の装甲帯上部は三五〇ミリに増厚されているし、砲架も改良され、それが竣工時に間に合わなくて、完成後に換装されていたりするのだ。排水量の数字には九二〇〇トン以上の資料もあり、それぞれがいったいいつのどんな状態を示すのか明らかではない。

水線装甲帯の上部、三五〇ミリの厚みを持つ部分の高さは一五二センチ、二九〇ミリの厚さとされた下部は一二八センチで、合計は二八〇センチあり、いずれの部分も艦首尾では薄くなっている。甲板装甲は四五ないし六〇ミリだが、砲廓の上面には装甲がない。これは甲板装甲が大落角の砲弾を意識したものではなく、至近距離から撃ち下ろされる砲弾や、炸裂した砲弾の破片に対する防御を目的とするためである。重量が大きくなったことから吃水線位置が上昇し、吃水線下に潜ってしまう部分が約四〇センチ大きくなった。

三〇〇ミリから二四〇ミリの装甲を持つ砲廓の内部に装備された主砲のうち艦首側の砲は、艦首正面〇度から真横やや後方の九五度までの射界を持っている。艦尾側のものは、七〇度から一七〇度までの範囲に射界があり、それぞれ最大仰角は八度、俯角は六度だった。砲架は砲門直下にピボットを持ち、弧を描いたレールの上を移動して方向を変える。砲門の開口は上部で幅広なT字形をしており、指揮官の視界を開いていた。

司令塔は艦橋の前方に置かれ、装甲の厚さは側面六〇ミリ、天蓋一〇ミリの鋼鉄製である。砲廓とは直径一メートルの鋼鉄筒で連絡され、ラッタル、各種通信機材（伝声管、コンパス・リピーター）がここを通っている。

砲廓の上、両舷に置かれた砲は不全円形のバーベット内にあり、最大仰角は三五度だったが、艦橋甲板が真上にあるため、特定の方角以外では二〇度に制限されている。俯角は六度である。射界は片舷の全方向一八〇度をカバーし、さらに反対舷へも前後それぞれ三度ずつ指向できて、合計の射界は一八六度になる。バーベットは厚さ一八ミリの鋼鉄板だから、せいぜい弾片防御くらいの能力しかなく、立ち上がり高さは一・四メートルである。

装甲のない船首楼内に置かれた砲は射界が狭く、左右に二三度ずつしかない。最大仰角は一〇度、俯角は六度である。艦尾のバーベットに装備された砲は非常に射界が広く、左右一二五度ずつもあって、砲架もピボットを中心に置いていて自由に旋回できた。最大仰角は三三度、俯角はやはり六度である。これらの大仰角は対艦戦闘用のものではなく、対陸上射撃で曲射砲として使われるものだ。このバーベットも薄く、防御効果は小さい。
これらの砲は合計すると以下のような射界を持ち、射撃を集中できるけれども、照準は各々の砲側で行なわれる。

・艦首正面には五門。
・左右三度までは四門。
・三度から二三度までは三門。
・二三度からは二門しか指向できなくなるが、五五度になると艦尾砲が向けられ三門となる。
・七〇度からは砲廓の後部砲も加わって四門の射撃が可能である。
・九五度から一七〇度までは三門、それより後方は二門となるが、一七七度から真後ろの範囲では三門となる。これらは左右対称である。

斜め前方に砲力が二五パーセントしか発揮できず、これはこの配置の欠点といえるだろう。衝撃戦法との絡みからすれば問題があるのだろうか。これには当時の思想として、「将来において、攻撃は艦首尾線方向から行なわれることが一般的になるだろう。側面や四五度方向からの衝角攻撃を受けることは自殺的である」という考えがあり、これに基づけば、首尾線方向の火力が重視されるのは当然である。中央砲廓との接点は、首尾線に平行な両舷からの砲力という結論に結びつき、斜め前方に目標を置くのは、そもそも危険なので避けるべきとなるわけだ。

逃げる敵艦を追うのならば、斜め後ろからより真後ろからのほうが、敵がどちらへ逃げても距離を詰められ、衝角攻撃をかけやすくなる。推進器や舵機を破壊すれば、勝敗は決したも同然だ。

主砲以外の副武装としては、一四センチ後装砲が六門、すべて最上甲板に露天装備されている。小口径砲はホッチキス三七ミリ回転砲を船首楼に二門、上甲板ブルワークの砲座に一二門、中央部バーベット装備主砲のバーベット縁に四門、艦橋周辺に四門、三本のマストの各ファイティング・トップに各二門、合計二八門を装備するが、運用上の障害になるため、船首楼と艦橋周辺のもの以外は戦時装備とされた。この数の多さは、当時開発されたばかりの魚雷をふくむ水雷攻撃に対してかなり神経質になっている証しだろう。

鋼鉄製骨格の主船体は、キールを持たないモノコック的な構造であり、深さのあるフレームで楕円断面に造られていて、艦底では二重底になっていた。上部船体も鋼鉄製だが、主船体の外板は海水腐食の問題と工作性から錬鉄板が用いられている。錬鉄と鋼鉄との取り合い部には、いろいろと問題が起きたようだ。煙突は一本、角丸矩形断面の巨大なもので、直下のボイラー室は左右二列に並び、中心線上には前後二つに分けられた主弾薬庫があった。弾薬庫は主砲廓以外のそれぞれの砲にも付属していて、小口径砲用のものも合わせ合計で七ヵ所に分かれている。

魚雷格納庫は、主機室の後方、装甲甲板下の左舷側に設置されている。搬入出は非常に厄介で、本来はスパー・トーピードーや牽曳水雷の弾頭保管用だったのではないかと思われる。ホワイトヘッド系の魚雷をあつかうには不便にすぎた。

このように、当時の主力装甲艦の方向づけにはかなりの紆余曲折があり、どういう艦がより高効率なのか、確立した思想は生まれていなかった。さまざまな改良は行き当たりばったりに既存計画へ組み込まれ、とくに威嚇を主眼とする主力艦では、見かけの強力さに重点が置かれている。秘密兵器は、実戦になれば一度は敵の鼻を明かせるかもしれないが、使ってしまえばそれまでのことで、対抗不能なほどに強力な秘密兵器など存在するわけもない。もし存在するなら、それを見せつけることによって、相手の対抗意思を潰してしまえるわけだ。隠しておくことは抑止力にならず、戦争を始められてしまえば、被害の発生はまぬかれないのだから。

なお本艦の排水量には、資料によって九二二四トン、九四三七トンという数字もあるが、時期や状態が不明のため最も小さい数字を採用している。よほどの軽量化を意識した大改装を行なわない限り、完成後に排水量が減少することは希なためである。

第三章　鋼鉄・複合甲鉄の時代

鋼、鋼鉄は錬鉄よりも炭素の含有量が多く、クロム、ニッケルなどを混ぜて合金化し、熱処理を加えることにより様々に変化する特性を持つ。この配合を調整することで錬鉄より硬い様々な鋼鉄が生み出されていたのだが、この時代になってようやく実験室レベルから大量生産へと踏み出せた。これはまず砲弾に用いられて先端部の強度が増された徹甲弾の開発につながったが、すぐに装甲鈑へも応用が始まっている。

しかし、この時代のものは一般に硬すぎて割れやすく、そのために錬鉄板と貼り合わせて各々の特性すなわち、硬さと粘りを活かす複合甲鉄が開発されている。表面は錬鉄板よりも硬いが、そのままでは割れ砕かれてしまうので、背後の錬鉄板によって砲弾の運動エネルギーを受け止め、広い範囲に拡散することで構造の破壊が軽減されるわけだ。この考え方そのものは、後の表面硬化鋼と同じ方向性を持っている。

装甲表面の硬さに衝突した砲弾が、自らの運動エネルギーで潰れる効果も期待できるため、貫徹能力の低減につながるし、炸薬部が破壊されれば砲弾は炸裂できずに、せいぜい不全爆発するだけになる。

砲弾の進歩、とくに右記のような特殊鋼鉄を用いた徹甲弾の開発に対応して、それまでの錬鉄の硬さと背後の木材の柔らかさとの組み合わせが持っていた効果を、より硬度の高い方向へ寄せたものともいえる。錬鉄装甲よりも耐弾性は向上しているものの、同時期に砲弾の重量が急激に大きくなったこともあり、実際の艦に装着された装甲鈑の厚みすなわち重量の点では、それほど顕著な減少は見られない。逆に増えているほどだ。

重装甲巨砲搭載艦（一八七〇〜八〇年代）

この時代、冶金技術の進歩によって砲の大口径化が急速に進み、口径四五センチすなわち一七・七二インチの前装施条砲や、四三・一センチすなわち一七インチの後装砲が出現するに至った。いまだ黒色火薬系の装薬を用いるため燃焼が速すぎて砲身を長くできず、三〇口径に届かないくらいの短いものだったが、砲身重量は一〇〇トン、砲弾重量がほぼ一トンに達したから、人力での操作はほとんど不可能である。これらを装備する重装甲艦については「巨砲艦」で詳述しているので、ここでは装甲を中心にして簡単に紹介するだけとする。

まず一八七三年にイタリアで起工され、一八八〇年に完成した『デュイリオ』Duilio級の装甲砲塔艦は、四五センチ前装施条砲四門を連装砲塔二基に装備し、艦中央部に置いた。首尾線方向への射界を確保するため、砲塔は舷側に片寄せられ、もう一基の砲塔を反対舷に置くことで左右のバランスをとっている。これにより、艦の全周にわたって少なくとも一門の主砲が指向でき、大半の方向に二門、最大では四門を向け得るようになった。

この大口径主砲に見合う防御力を実現するためには相当に分厚い装甲鈑が必要であり、本艦では舷側装甲帯に五五〇ミリのクルーゾ鋼、砲塔旋回部と直下のシタデルに最厚四五〇ミリのニッケル鋼を用いている。舷側装甲の範囲は全長の半分以下で、その外側は吃水線下の防御甲板以外は無装甲だった。シタデルはさらに短く、厚みに重量を取られて装甲範囲は最小限に抑えられている。五五〇ミリの厚さだと、一平方メートルあたりの重量は四トン半ほどもあり、比重が八にもなる鉄のカタマリを水面上に保持するためには、一〇倍以上もの体積の浮体を付属させなければならなかった。

ほぼ同時期のイギリスでは一八七四年に『インフレキシブル』Inflexibleが起工され、一八八一年に完成した。こちらの主砲は口径四〇・六センチすなわち一六インチの前装施条砲で、『デュイリオ』同様中央部に連装砲塔を配置し、互い違いに舷側へ寄せて、首尾線方向への射界を確保している。非常に幅が広く、砲塔を舷側一杯に片寄せたので、艦首正面に四門を指向しても射線の間に空間が残り、ここに幅の狭い上構を配置したので居住性が向上し、荒天時の艦上交通も安全度が増した。

やはり装甲範囲は艦中央部に限定され、非常に強固なシタデルを形成している。その長さはこれも全長の三分の一しかなく、装甲の厚さは三〇五ミリと三〇五ミリないし一〇二ミリの二枚重ねで合計は最大六一〇ミリに達した。クッションとして挟まれた木材層を算入すれ

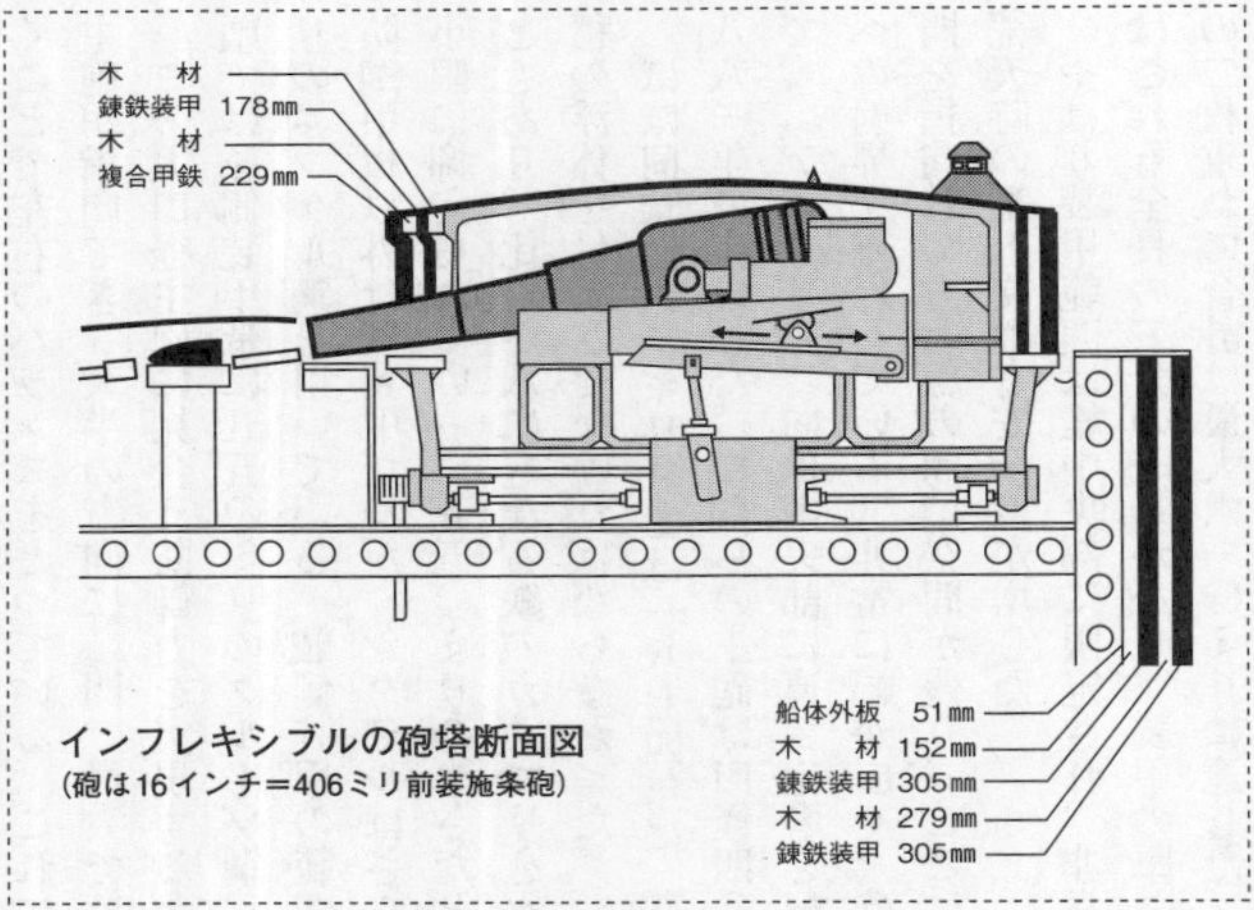

インフレキシブルの砲塔断面図
(砲は16インチ＝406ミリ前装施条砲)

ば、装甲厚は一メートルを越える。装甲重量は三二七五トンで、常備排水量の二七パーセントにあたる。

装甲鈑の材質は大半が錬鉄のままだが、砲室部分では初めて複合甲鉄が用いられた。ここでも装甲は二枚重ねで、表側は八九ミリの鋼鉄に一四〇ミリの錬鉄板が貼り合わされていた。その裏側に四五七ミリの木材層を挟み、さらに一七八ミリの錬鉄板と全体重量を保持する骨格材で構成されている。円筒形砲室の直径は一〇・三メートル、旋回部重量は約七五〇トンとされる。

極端な集中防御なのだが、非防御区画全部に浸水しても、理論上は沈没しないことになっていた。とはいえ、艦首尾の吃水線下防御区画に、上部が冠水しているのにまったく浸水しないなどありえないから、机上論でしかないのは明らかである。

四二センチの大口径砲を積んだフランスの『テリブル』Terrible級は、艦型が小さいこともあって十分な装甲が施せず、低乾舷のモニターに近い艦だったが、ほぼ同時期に建造された『アミラル・ブダン』Amiral Baudin級は航洋型の重装甲艦で、三七センチ砲三門を単装露砲塔三基に分け、艦首尾と中央部の中心線上に配置している。排水量は一万一七二〇トンで『インフレキシブル』に匹敵するが、攻撃力で劣る分、航洋性能ではだいぶ上回る。しかし、船体の無装甲部分は大きくなってしまった。

装甲鈑には鋼鉄と複合甲鉄が用いられ、砲塔バーベットは厚さ四二〇ミリの鋼鉄製だったが、露砲塔でバーベットは浅く、天蓋部分は薄いし、下部では揚弾筒だけが防御されていたから、それほど強固な印象は受けない。

舷側装甲は全長にわたるものの高さは二・二メートルしかなく、建造中の重量オーバーから吃水線上には三〇センチほどしか出ていない。最厚部は五五〇ミリの厚さを持つものの、上端では五〇〇ミリ、下端では四〇〇ミリにテーパーしている。艦首尾では三五〇ミリ程度にまで薄くされていたが、限られた許容重量の範囲で装甲帯の長さと高さをどう配分するかは、技術というより思想上の大きな問題になってきた。

この時代のフランス航洋型主力艦の砲配置は、前章の『ルドゥタブル』と『クールベ』級が中央砲廓で、砲塔装備となった『アミラル・デュプレ』は四基の露砲塔を艦首に並列、中央部と後部の中心線上に一基ずつ配置し、『アミラル・ブダン』では中心線上直列に三基、続く『オシュ』からは菱形配置と、あまり一定していない。砲の拡大と装甲との重量の奪い合いのため、かなり苦労しているのが見て取れる。

イギリスも『インフレキシブル』の後継は、主砲サイズを落として大型化を抑えた『アガメムノン』級、『コロッサス』級と主砲塔梯形配置の砲塔艦が続いたが、主砲はようやく後装砲に統一され、船体は鋼鉄製に、装甲鈑は複合甲鉄となった。

続く『アドミラル』級六隻は、艦首尾中心線上に砲塔を配置し、ここの主砲には三〇・五センチ連装、三四・三センチ連装、四一・三センチ（一六・二五インチ）単装と三種類の武装が施された。砲塔も露砲塔系だが、致命的な露出部分の少ない高架砲塔が用いられている。主要装甲の厚みは四五七ミリもあって充分に重く、一万トン前後の船体ではフランスの『テリブル』級に似た低乾舷にならざるを得なかった。

海面に這いつくばるようにやっと浮いている主砲塔は、射界に入る何物も存在を許容しなかったから、上甲板全体が海面から三メートルほどの高さに位置せざるを得ず、波が立たなくても自分が前に進むだけで青波をかぶるのが当然だったのだ。うねりのある外洋では一万トンの船体でもピッチングは避けられず、波窪に落ちるつど、艦首は盛大な水しぶきを上げて海水をかぶり、艦全体をびしょ濡れにしていたのである。こんな状態での戦闘は難しく、航洋艦相手だと撃たれっぱなしに近くなってしまう。

それなのに重量の制限から舷側装甲帯の高さは低く、予備浮力が少ないのに非装甲部分が大きいという、それまでの艦よりある意味では弱くなってしまっている。これほど厚い装甲を施さなければならないのでは、一万トン程度では攻防走いずれかの性能を低レベルで我慢しなければ艦がまとまらないので、どうにも行き詰まってしまったのだ。

『ロイアル・ソヴリン』級戦艦（Royal Sovereign）

そして一八八九年、二クラスの重装甲低乾舷砲塔艦を経ながら、イギリスは約四〇〇〇トンの艦型拡大に踏み切り、一万四一五〇トンの標準排水量を持つ『ロイアル・ソヴリン』級の建造を開始する。

主砲塔には『アドミラル』級と同様の高架砲塔を採用し、これをやはり艦首尾中心線上に置いた。この砲塔ではバーベット上に装備された砲身の位置が高く、その射界を遮らない空間が上甲板上に存在するから、その高さまで主船体を拡大したのだ。前述したフランスのモニター系統艦『トロー』と似た発想だが、船体上部はより重構造であり、上甲板を強度甲板として戦闘艦としての堅牢さを備えている。長さ、幅とも一五ないし二〇パーセントほど拡大されており、乾ドックなどのインフラ整備を踏まえて実現したものだ。これにより、艦首で約七メートルという乾舷が得られ、意味のある航洋性が実現した。

新型艦の航洋性能は、冬の北大西洋はともかく、地中海や北海沿岸部での行動に大きな後押しとなったし、洋上での戦闘を現実のものにしたから、巡洋艦はその存在を大きく脅かされることになった。速力は一六ノットを超え、これは旧式な汽帆装巡洋艦といくらも変わらなかったので、速力の優位を持たない敵巡洋艦は、この艦のいる海域に近づけなくなってしまったのである。

イギリス海軍はこうした状況に鑑み、それまでの「装甲艦」Armoured shipや「砲塔艦」Turret shipという呼称をやめ、「戦艦」Battleshipという分類を創設した。

このクラスは八隻が計画され、一隻は在来型の砲塔艦に計画を変更されたものの、それまでの同型艦がせいぜい二隻しかない見本市のようだった艦隊を、量産艦によって均質化する第一歩となっている。これはまあ、次々に生まれる新技術に対応する装甲軍艦の理想像が描けなかったためなのだから、ある意味当然のことでもあった。

それでもまだ、このクラスの凌波性は十分なものではない。高架砲塔の旋回部上面は、上甲板からどれほどの高さにもなかったから、波が甲板上に打ち上げれば遮るものなく海水をかぶってしまう。

砲身が甲板すれすれの高さにあるので、射界を遮らないためには艦首に大きなシアーが設けられない。砲塔上面にある砲身の収容部、すなわち仰角をかけて発砲したときに砲尾が沈んでくる開口部には蓋ができず、ここからの浸水は危険なほどに多くなることがあった。とはいえ、そんな海況だったらたいていの軍艦には戦闘などできはしないから、不十分だというだけで、当時としては大きなハンデになるわけではなかった。

このクラスの知名度は決して高くないけれども、日本軍艦との関連は小さなものではない。日清戦争の直前、なかなか新戦艦建造の予算が成立しなかったなかで、ようやくに建造が実現した『富士』『八島』の二隻は、本級がモデルとなっているのだ。

一八九二年から九四年にかけて完成した『ロイアル・ソヴリン』級に対し、『富士』と

『八島』は一八九四年の起工、九七年の完成で、イギリスの続く『マジェスティック』級とほぼ同時期の建造になる。『ロイアル・ソヴリン』の基本構成を踏襲し、『マジェスティック』の砲塔を積んで、舷側装甲に複合甲鉄を用いるはずだった『富士』は、工期途中で新式のハーヴェイ鋼を用いるように変更された。このとき初めて、日本海軍は世界一流の主力戦闘艦を手に入れることができるようになったのである。

標準排水量１万4150トン、ロイアル・ソヴリンの艦首砲塔。砲身に尾栓がついていないことに注意。砲身左側に突き出した円筒形のハッチは、照準塔を兼ねている。

しかしながら新装甲鈑の使用を認められたときには、すでに船体工事が進んでおり、その特性に合わせた船体構造の変更は難しかった。そのため重量の変化をともなう寸法的な変更は諦められ、予定されていた複合甲鉄と同じ厚みになるハーヴェイ鋼が取り付けられることになったのである。

これにより、『富士』の舷側装甲は最厚部で四五七ミリのハーヴェイ鋼となり、耐弾力は複合甲鉄の一・五倍程度になっている。これはいわゆる過剰品質なので、当時の三〇・五センチ砲弾に対しては防御が強すぎることになり、それならば薄くして範囲を広げた方が有利になるのだが、すでに変更が困難だったということなのだ。実際にハーヴェイ鋼を採用した『マジェスティック』級では二二九ミリと半分の厚さしかなく、これは続く『敷島』級でも同じ二二九ミリの厚さだったが、装甲帯の範囲は『富士』より大きく広げられている。

このことはこの先、より進歩したクルップ甲鉄によってさらに薄いものですむようになるのだが、関連する別な問題が生じ、そのために防御装甲そのものの考え方に変化が出てくる。これについては章を改めてお話しすることにしよう。

高架砲塔について

この砲塔については「巨砲艦」でも詳述しているが、ここでももう一度取り上げさせていただく。この名称は筆者の造語なので、一般的ではないことをお断わりしておく。

多くの書物で、これは露砲塔の一種と紹介され、砲塔員が剥き出しの配置であったかのような表現が用いられているけれども、大きな誤解である。写真をご覧いただければおわかりのように、この砲塔には装甲天蓋があって、砲塔員は弾片などから保護されている。

砲塔旋回部は完全にバーベットの内側にあり、さまざまな装備品ともども十分に防御されているのだ。それまでの旋回砲塔では側面の壁に砲眼孔をうがち、そこから砲身を突き出していたため、砲身と防御装甲は一緒に旋回する必要があった。この砲塔では、砲身は旋回部の天井上に位置していて、厚い装甲を旋回させる必要はなく、砲身が目標へ向けば標的面積は砲身の直径だけになってしまう。この直径は大きな砲でも一・五メートルほどしかないから、直接狙うのは困難だった。大落角の敵弾は、当時はほとんど想定されておらず、艦対艦の戦闘では考慮されていなかったから、これを本砲塔の欠陥とする表現は当たらない。
砲身はまったくの剝き出しだが、第二次大戦型戦艦の砲塔でも、砲身の大半は防御区画外にあることを忘れてはならない。これに直撃を受ければ、その砲が使えなくなることに変わりはないのである。当時の砲身には補助部品がほとんどなく、鉄のカタマリともいえるために非常に頑丈で、砲弾の大きな破片が当たりでもしなければ壊れるものではなかったから、あえて防御する理由は乏しかったのだ。尾栓も蝶番で砲尾に取り付けられているのではなく完全な抜き取り式で、閉鎖時には脆弱な部分がない。俯仰軸は砲身を載せた砲鞍の先端にあり、バーベットの影に位置するから、充分に防御されている。

ロイアル・ソヴリン級戦艦の砲塔内部。左側の開口奥にやはり尾栓のついていない砲尾が見える。水兵のいる場所が照準塔。手前のレバーは装填装置の操作用。

欠点は、この俯仰軸の軸線が砲身の中心軸線と離れているために、発砲の反動で砲尾を押し下げようとするモーメントが発生することであり、このために俯仰機や俯仰軸受けが大きな衝撃にさらされ、故障の原因となった。また照準塔や指揮官の観察塔が砲身と同じ高さにあり、視野が限られるのも問題である。このため、これを採用した艦は少なく、短期間のうちに後継の砲塔が開発されることになった。『富士』と『八島』が装備した砲塔は、この改良型砲塔なのだが、実態はほとんど『ロイアル・ソヴリン』のものそのままで、俯仰軸を砲軸と近い位置に移したため、これを防御する分厚い前盾が立てられ、さらにこれを包含して指揮所や照準席を高く上げた部分を覆う砲室が設けられたものである。形態的には後の近代砲塔に近いのだが砲室の装甲は薄く、装填装置は旋回しないので、砲は発射ごとに定位置へもどす必要があった。もっとも砲室後部の余積に数発の即応砲弾を積み、予備の装填装置を持っていたから、そこに砲弾がある間は砲塔を目標へ向けたままでも射撃を続けられた。

この砲塔は『マジェスティック』級とほぼ等しいものだが、こちらでは後期型で装填装置も砲と同時に旋回させる機構に改良されており、日本戦艦がこの機構を取り入れるのは、続く『敷島』からになる。

装甲巡洋艦

装甲への鋼鉄の採用により、対弾防御を比較的軽い重量で実現できるようになったため、それまで重量制限が大きくて装甲を施しにくかった大きさの艦にでも、対応砲弾の大きさを制限することで装甲軍艦同様の舷側防御が行なえるようになった。

フランス装甲巡洋艦デュピュィ・ド・ローム。主砲は中央部両舷にあり、艦首の砲塔は副砲を装備している。

これまでの巡洋艦は、吃水線直下に位置する甲板に装甲を張り、上部に命中して炸裂した砲弾の破片を艦下部の重要部分に侵入させないようにしていた防護巡洋艦が主流だったのだが、これでは砲弾の大きさに関わりなく、命中すればある程度の被害が発生することに甘んじなければならない。舷側吃水線部にはコファダムと呼ばれる防水隔壁を立て、吃水線付近の破口からの浸水を食い止める工夫がなされていたものの効果は限定的で、大きな浸水があって艦が沈下し、海水面がコファダムの上端を越えれば、艦は危険な状態になる。

高性能爆薬によって榴弾の威力が増してきたこともあり、やはり舷側装甲があって浸水そのものを食い止められる方が望ましく、フランスでまずこの試みが具体化された。それが一八八八年に建造を始められた装甲巡洋艦『デュピュイ・ド・ローム』Dupuy De Rômeである。

それまでの汽帆装巡洋艦から大きく脱皮し、近代巡洋艦の始祖とも言われるが、建造時の主目的は通商破壊とその保護であり、艦隊決戦をする性格ではなかった。船型は斬新なもので、水線部で顕著に突き出したプラウ・バウに大きな特徴がある。これは衝角ではなく、上部重量を節減しながら、速力の発揮に影響のある水線長をできるだけ長く取るための工夫だ。艦尾も同様に水線部で大きく突き出している。

速力、航続力とも大きく、戦艦ではこれを捕捉できず、既存の巡洋艦では対抗できないとされたが、建造に非常な長期を要したため、装甲巡洋艦ではないが同性格を持つイギリスの一等巡洋艦『ブレイク』が、先に完成してしまっている。続いて建造された『アミラル・シャルネ』級はひとまわり小さくなり、砲配置も大きく変わったが、こちらの方が先に完成してしまい、なおさら影が薄くなった。

一九・三センチ主砲は単装砲塔として中央部両舷に配置され、この射界を確保するために、舷側は大きなタンブルホームとなっていて上甲板が狭い。一六・三センチ副砲も単装砲塔に収められ、三基ずつ接近したグループとして背負い式に近い俵積みに似た配置で前後に装備された。艦首尾砲力を最大限に重視した配置といえるだろう。この配置は装甲された副砲塔を接近させることで、装甲横隔壁の代用にしたものと思われる。

主砲、副砲とも円筒形の砲室の直径は非常に小さく、旋回軸、俯仰軸とも重量はバランスしていない。速射砲の砲塔化は世界に先駆けるものだが、水圧動作とされる砲塔の運動性、揚弾能力については不明である。揚弾筒も十分には防御されていない。

厚さ一〇〇ミリの水線装甲帯は中甲板から水線下一三七センチまでの高さを持ち、吃水線より上に位置する防御甲板は舷側で下へカーブして、舷側装甲帯の下端に接続している。舷側にはやはりコファダムを置いて浸水を局限しようとしている。機関部分の防御甲板上は炭庫とされ、防御の一部にあてられていた。

主機は往復動機関で、中央軸に垂直機関を、両舷軸に水平機関を接続していた。完成が遅れたのは主としてボイラー事故のためだが、実験的な試みの多かったことも問題だったようだ。

装甲巡洋艦は、世界の海に覇権を唱えるための兵器として認識され、その存在意義に各国海軍は同調し、瞬く間に世界中へ広まった。いわば究極の巡洋艦であり、根拠地から切り離された海域でも様々な形の戦闘力を発揮できるだけに独立した各種能力を持っていて、軽巡洋艦級の敵艦を撃攘してもなお、その抵抗の傷跡を残しつつも要衝に居残れる防御力を持つ、理想的な戦闘単位だったのだ。外交の道具としても有能で、司令部機能を持ち、他国の港では武装外交館としても使用されたから、海兵隊などの臨時搭乗を許すだけの余積があり、将官公室には高級な装飾が施される場合もあった。

本格的な戦艦ほど建造費がかからず、外洋では戦艦と互角にわたり合える（戦えるわけではないが）ため、一部の海軍ではこれを海軍の中心に据えるところもあった。彼らはこの後、およそ二〇年にわたって世界の海を支配したが、新しい戦艦の登場を誘発して存在価値を失い、唐突に表舞台から消えていくことになる。

露土戦争（一八七七年）

ロシアとトルコの軋轢は昔からのことで、露土戦争と呼ばれる戦いは数多くあり、第何次というような呼び方では混乱するので、西暦何年の、という呼称が一般的であるが、とくに重要な戦いには特別な名がつけられた。この直前にも、一八五〇年代のクリミア戦争、一八七〇年の戦争危機があり、海への出口を求めて南下しようとするロシアは、トルコをはじめとする周辺国と何度となく衝突を繰り返している。一九世紀頃からは、ロシアの南下を脅威ととらえたイギリスやフランスが、これを食い止めようとして弱体化しつつあったオスマン・トルコ帝国を後押しし、しばしばロシアと角を突き合わせている。

このため、この時代のトルコ軍艦にはイギリス製、フランス製のものが多く、一八六〇年代の初期装甲艦でも六四〇〇トンの『オスマニエ』級四隻がイギリスで建造されているが、トルコではこの新式軍艦を持て余し、充分な保守、訓練ができていなかった。その後もイギリス、フランスから砲廓艦や砲塔艦を入手しているものの、大半は沿岸防備用の重装甲艦で、巡洋艦任務に充当できる艦は少なく、海軍にそれだけの実力もない。一八七四年には自国での装甲艦建造も目論まれたけれども、技術水準が追いつかなかったため完成までには二〇年近くを要し、装甲鈑も不良で、まったく実用にはならなかった。

クリミア戦争終結にともなって締結された条約によって、黒海のロシア海上戦力は非常に小さく、沿岸防備用の実験的な円形砲艦くらいしか装甲された戦力はなかったのだが、若手の勇猛な士官たちは商船を利用して特設水雷艇母艦とし、小型艦艇を用いてトルコ海軍を攻撃している。戦史にはマカロフ、ロジェストウェンスキーなどという名も見られ、彼らがロシア海軍内で出世するきっかけとなった戦いだったのだ。ここではスパー・トーピードー

（円材水雷）、牽曳水雷（攻撃艦によって曳航される無動力の水雷）、ホワイトヘッド魚雷や機雷が用いられ、若干の戦果を挙げている。

こうしたなかではフランス製の砲塔艦『ルトフュ・ジェリル』（一八七〇年完成）が、一八七七年五月十日、ダニューブ河のブライラ（黒海の河口から一五〇キロメートルほど上流の町）付近で爆発、沈没している。この艦はロシア軍の砲兵と交戦しており、二〇センチ（八インチ）榴弾砲による大落角の命中弾を受け、鉄製の甲板を貫通した砲弾が弾薬庫を誘爆させたという。およそ二〇〇名の乗組員中、二〇名ほどが救助されただけだった。

トルコ砲塔艦ルトフュ・ジェリル。ドナウ河口で爆沈した。

残念ながらこの戦争の記録では、詳細情報は資料ごとに異なり、信頼性に欠けるものばかりとされている。参照したいくつかの資料の記述も、場所から状況からそれぞれバラバラなのだ。この艦が甲板に四〇ミリの装甲を持っていたとする資料もあるが、範囲をふくめ確認はできない。装甲鈑は錬鉄なので強度は不十分だし、砲塔の上面は換気のためのルーバーになっているのが普通だったから、そこへ砲弾を受けたのかもしれない。

ここに記した記録のとおりだとすると、鉄製船体とはいえ甲板に充分な装甲を持っていなかった装甲艦に対する、大落角の曲射砲攻撃は大きな脅威になると受け止められるはずだが、以後の艦でも甲板装甲の欠落したものは珍しくなく、非常にまれな出来事として、あまり深刻にはとらえられなかったようだ。

アレクサンドリア砲撃（一八八二年）

オスマン・トルコ帝国の支配力低下とともに、あちこちで紛争が勃発していて、列強が鎮圧に乗り出すことは珍しくなかったが、現在のエジプト北部でも在地勢力が反旗をひるがえし、所在する外国権益を脅かしたため、イギリス海軍が介入している。実際には現地を半植民地的に経済支配しようとする列強そのものに対する抵抗の場合も多かったのだが、宗主国や当該政府に鎮圧する能力がない場合、武力介入をまねくことになってしまう。

一八八二年に、エジプト陸軍大臣ウラービ・パシャが軍を掌握して反乱を企て、その鎮圧にイギリスが乗り出したのだが、その詳細はやはり「巨砲艦」で紹介しているので、ここでは装甲に焦点を当ててみよう。

出動したイギリス艦隊にあった装甲艦は八隻で、砲塔艦は『インフレキシブル』と『モナーク』の二隻だけ、『テメレーア』が主砲の一部を隠顕式砲塔に装備しているが、この砲塔には天蓋がない。他の砲廓艦五隻のなかでも、旗艦『アレクサンドラ』と『シュパーブ』以外は甲板装甲を持っておらず、要塞側が射程の長い曲射砲を持っていれば、攻撃は慎重にならざるを得なかっただろう。

要塞側の装備する大口径砲で最も強力なものは、二五・四センチ（一〇インチ）前装施条砲で五門あったが、平射砲であり、近距離でなければ装甲への威力は大きくない。およそ二五〇門あった大砲の大半は旧式砲で、曲射弾道のものも臼砲程度しかなく、かなり接近しなければ射程に入らない。艦隊側の装備も対艦戦闘を意識したもので、対陸上砲撃用には仰角が小さく、砲弾は平らな地面に落ちても多くは炸裂しなかったという。

『アレクサンドラ』は六〇発以上の命中弾を受けたが、うち二四発は装甲範囲外へ命中していた。『ピネラピ』には八発、『インヴィンシブル』には一二発前後が命中したものの、『シュパーブ』には一発が水線部分に鈍く当たっただけで、『サルタン』は一部の水線装甲帯が緩んだだけとされる。『モナーク』と『テメレーア』からの負傷者の報告はない。戦闘後も全艦が戦闘能力を保持していた。

『アレクサンドラ』には炸裂弾の命中も報告されており、上部にあたって上甲板に転がり、導火線に火がついたままの砲弾を拾い上げ、水桶に投げ込んで爆発を防いだ一水兵に、ヴィクトリア・クロスが授与されている。

旧式な球形弾を用いる砲では、装甲艦に対して大きな威力を期待できなくなっていたのだが、このことはすでに四半世紀前のクリミア戦争時から明らかになっており、要塞も備砲の更新を進められていたものの、なお不十分だった。金のかかる装備の更新は進んでおらず、水雷兵器を持っていなかったエジプト反乱軍は、強固な装甲艦に対して有効な抵抗ができな

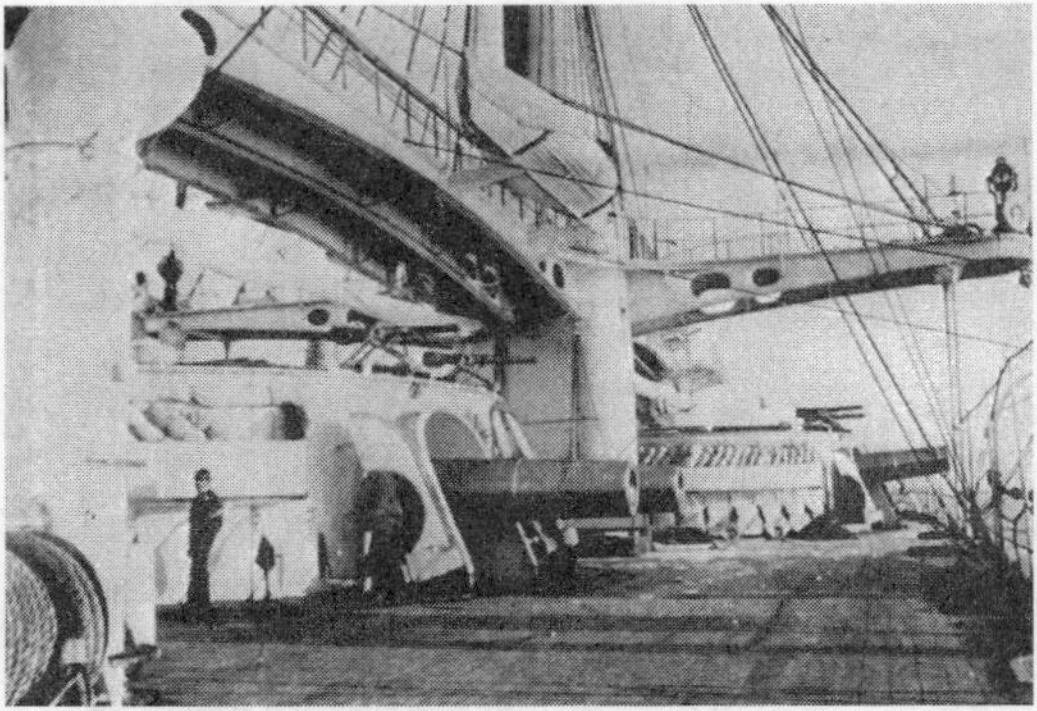

イタリアの装甲艦デュイリオが装備したイギリス・アームストロング社製の45センチ100トン砲。

かった。

この時代に急速に進んだ砲の大口径化には、こうした要塞の備砲用に大量の受注が見込めたという背景もある。イタリアの『デュイリオ』が装備したイギリス、アームストロング社製の四五センチ前装施条砲（通称、アームストロング一〇〇トン砲）は合計一五門が製造され、マルタ島やジブラルタルの要塞にも装備されており、そのうちのいくつかは現在も砲座に置かれたままで、観光スポットになっている。空砲の発射サービスもあるようだが、まさか全装薬での発砲はするまい。後ろで見ているだけでもケガ人が出てしまう。

装甲艦は要塞からの旧式砲の砲撃に対して強靭であり、致命的な損傷を被ったものはなく、『インフレキシブル』からの報告にあるように、自艦の射撃による爆風や衝撃波の被害のほうが大きかったくらいで、上甲板上に大口径砲を装備する方式に新たな欠点が見えている。

前述の『ロイアル・ソヴリン』級以降の戦艦は、露天甲板上の非常に低い位置に砲を装備していたので、低仰角で発砲すると衝撃波が甲板の板張りを叩き、これを引き剝がすほどだったのだ。このため砲口の真下部分では木甲板の上に真鍮の薄板を張って、被害を防ごうともしている。

この戦闘は、軍艦による対要塞戦闘として旧態最後のものと言えるだろう。この時点ですでに魚雷は実用化されており、この後、砲や砲弾の急激な進歩によって、『アレクサンドラ』のように六〇発以上もの命中弾を受ければ、戦艦といえども戦闘能力に大きな損失を被らざるを得ないようになった。また、敷設される機雷は致命傷を与えるだけの威力を持ち、高速の水雷艇も大きな脅威となってくる。

こうして戦艦は沿岸攻撃に重大な危険を抱えることとなり、この種の攻撃自体が、周囲の脅威を排除してから行なわれる二義的な戦闘手段となってしまった。

清仏戦争・福州海戦・一八八四年

ベトナムの宗主権をめぐって、当時阮朝と呼ばれたベトナム王朝を支配下に置こうとしたフランスと、宗主国であった清国が争い、一九世紀半ばからずっとくすぶり続けていた紛争が一八八二年頃から激化した。海上では圧倒的な戦力を保持していたクールベ提督率いるフランス海軍が八月二十三日に、西欧の援助で建設されていた福州《フーチヨウ》の馬尾《マーウエイ》船政局（造船所）を襲い、同地にあった清国艦隊と造船所を壊滅させている。

馬尾造船所は閩《ミン》江を遡ったところにあり、河口には要塞があって防御を固めていたのだが、まだ開戦する前にフランス艦隊が要塞地帯を通り抜けてしまったため、射撃を禁じられていた要塞はまったく役に立たなかった。

作戦に加わったフランス軍艦は下記のとおりで、装甲艦と呼べるのは二等戦艦に格付けされる『トリオンファンテ』Triomphanteだけしかなく、他は無装甲の汽帆装巡洋艦が大半である。これ以外では、二等巡洋艦『デュゲイ・トルーアン』Duguay-Trouinが最も大きく、『デスタン』D'Estaingと『ヴィラー』Villarsは三等巡洋艦で鉄骨木皮、『ヴォルタ』Volta、『スゴン』Segondは木造巡洋艦、『アスピック』Aspic、『リンクス』Lynx、『ヴィペール』Vipereは砲艦で小型だが、その分、浅いところまで入っていけた。水雷艇は『四五号』と『四六号』で、魚雷ではなくスパー・トーピードー（円材水雷＝長い棒の先に爆薬をつけ、的艦の吃水線下へ押し付けて爆発させる）を装備していた。

これら一一隻のフランス艦は、それぞれ清国の軍艦に接近して碇泊しており、船政局の砲台からは砲弾の届かないところにいた。清国の軍艦は九隻があり、いずれもここの船政局の建造によるもので、船体はフランス艦に劣るもののクルップ砲を装備していて、威力は侮れない。この九隻の他には小型軍艦二隻、戦闘用ジャンク二隻と無数の筏が用意されていた。これらの筏には油を用意しており、ジャンクもマストに火薬包を取り付けて、敵艦に火をかけるべく準備していた。

最初に戦闘を始めたのは、クールベ提督が旗艦を移していた旧式巡洋艦の『ヴォルタ』で、午後一時五十分頃、翌日の朝とされていた最後通牒の時限を待たずに発砲を始めたとされる。

この砲弾は最有力の清国軍艦『揚武《ヤンウー》』に命中し、同艦はただちに応戦した。両国軍艦は全砲をもって交戦し、早くも二時十五分には三隻の清国軍艦が砲火を浴びて沈没に瀕している。『揚武』はなお抵抗をやめず、下流にいた『トリオンファンテ』は、『ヴォルタ』の手に余ると見て各国艦船の間を縫って接近し、他国の商船、軍艦の至近から『揚武』に向かって発砲した。この砲弾はイギリス軍艦の近くに着弾しているが、幸いにも当たらなかった。

『トリオンファンテ』の第二撃は『揚武』に命中し、『揚武』は挟み撃ちの形になったものの、艦長は同艦を指揮してよく抵抗している。『揚武』の砲弾が『ヴォルタ』の艦橋を直撃し、操舵手は海中へ吹き飛ばされているが、すぐ近くにいたクールベ提督にはケガひとつなかった。

フランス艦隊は水雷艇を『揚武』へ向け、すでに大破していた『揚武』はろくに抵抗できず、水雷に舷側を破られて沈没してしまう。他の清国軍艦も火災を発し、流れに乗って局外各国艦船の近くへと漂ってきた。先の筏にも火が着けられ、火災を起こした小型艦とと

福州海戦を描いたイラスト。右側の大型艦がフランス装甲艦。中央に半島が突き出しており、左手奥が造船所。

もに流されてくる。これに危険を感じて錨を棄て、退避した艦船もあったけれども、概して大きな被害にはならなかったようだ。外国艦船には付近に居住していた自国民がそれぞれ避難して収容されており、戦闘の発生と同時に彼らの居住地は清国軍の兵による略奪を受けている。

全体として清国艦艇の戦闘力は低く、装甲艦でなければ戦えないような破壊力がなかったため、フランス艦隊の被害は小さかった。火船も行動に自由のない帆船と違って、自由に進退できる蒸気艦では避けられないほどではなかったのだが、これには泊地の広さや川の流れ、風向きなどが影響するので一般解は求めにくい。

この他にフランス極東艦隊には、装甲艦『バヤール』が派遣されていたが、大型で吃水も深く、河川を遡上しての戦いには加われなかったのだろう。艦隊にはさらに、二等戦艦『ラ・ガリソニエール』、巡洋艦『シャトールノー』といった名が見られる。

『揚武』は清国国産の木造スループで、一八七二年に進水した、当時の清海軍最有力艦だった。排水量一六〇八トン、最大速力一三ノットで、一九センチ砲一門、一六センチ砲二門が主兵装である。

ここで、当時の新聞に掲載されていた、海戦を実見した後に書かれた外国人のレポートの和訳を引用しておこう。原文は古い文体で読みにくいので、現代語訳してある。出典は東京日日新聞明治十七年九月三日発行号である。

「大砲の耳を圧する轟音と、ガトリング砲の響き、負傷した清兵の叫喚の声、フランス兵の吶喊《とっかん》が相和し、実に「天柱も折れ、地維も裂くる（原文）」と思うしかない、壮観というか、最も恐ろしい観物だった。

清兵の死傷する様、軍艦が焼かれ、打ち沈められる様のごときは、いまだに眼前に彷彿する惨状であったのだ。生涯忘れることのできない光景であろう。一時は我が身の危険をも感じたが、今にして思えば希有の経験だったとも言える。この時、わが艦は羅星塔（付近の中州にあった外国人居留地）からの避難者でいっぱいであり、上甲板にまで民間人が群がる状況だった。印象に残っているのは避難者の婦人たちで、弾丸飛び交う中にあって少しも騒がず、子供を膝下に置いて静かに耐えていた姿である。

一隻の炎上した清砲艦が我々の近くを流れていく時、その甲板を見れば、大砲の周囲には多くの士卒が血まみれになって倒れていた。フランス艦の砲弾が炸裂して船体が燃え上がると、難を逃れた水兵は水中に飛び込み、あるいは岸へ、あるいは他の船へと泳いでいった。税関近くに碇泊していた清艦が撃破されると、その水兵たちは皆水中に逃れたが、フランスの『リンクス』と『ウィペール』は、彼等をガトリング砲で狙撃した。さらにフランス艦はボートを出し、泳ぎ去ろうとする清兵に追いつくや、これを斬り殺している。我々はこれを、ただ見ているしかなかった。」……引用ここまで

『定遠』『鎮遠』

回航準備を整えた定遠と鎮遠。掲げられている旗は当時のドイツ国旗のようだ。煙突の左側に大型の艦載水雷艇が固縛されている。

この戦争のさなか、清国がドイツに発注していた大型の装甲艦『定遠』が回航の途上にあったのだが、ドイツの管理下に運行されていたため、開戦の通知を受けた本国からの指令にもとづき、途中で引き返している。これにはフランスからの圧力もあったのだろう。これが清国に到着すれば、フランス極東艦隊には対抗できる艦が含まれていないので、大きな脅威になったと思われるからだ。極東艦隊唯一の重装甲艦『バヤール』であっても、対抗は困難な相手だった。

『定遠』は排水量七一四四トン、速力一四・五ノットで、三〇・五センチ砲四門、一五センチ砲二門を持ち、装甲は複合甲鉄で最厚三五〇ミリに達する。これに対し『バヤール』は一八八二年の完成だが二等級の主力艦で、排水量は五九一五トン、最大速力一四・五ノット、二四センチ砲四門、一九・三センチ砲二門、一四センチ砲六門を装備していて、最大装甲厚は二五〇ミリの錬鉄だから、やや劣る実力でしかない。

当時のフランス本国の大型装甲艦には、スエズ運河を通過できる艦がいくらもいないので増援は困難だし、経費も大きなものになる。もし到着を嫌って、ドイツ国旗を掲げた『定遠』を攻撃、あるいは捕獲すれば、平時のことなのだから外交上の大問題となり、本国間での関係悪化は避けられない。戦いが局地紛争の状況では、いくらフランスに圧力をかけられても、請け負ったドイツ側としても回航を中止するわけにいかないだろうから、この回航を防ぐためにフランスは宣戦布告という手段をとったのかもしれない。こうすればドイツの顔を潰すことなく、回航を中止させられるからだ。

これと符合するように、翌一八八五（明治十八）年にイギリスで完成した日本海軍の巡洋艦『浪速』の回航が、日本から派遣された回航員（海軍軍人）の手によって行なわれている。回航指揮官は伊東祐亨、副長が山本権兵衛、以下明治後期の日本海軍上級士官が揃うそうそうたる顔ぶれであり、彼らの留学経験にもなった。それまでは建造国に回航を任せて、日本に到着してから軍艦を受け取っていたのであり、以後は当然のように回航員を派遣して現地で受け取る方式になったのだが、この変更はどうやら、『定遠』の回航が不首尾に終わり、肝心なときに戦力にならなかった清国の事例を、他山の石として行なわれたことではないかと考えられる。

さらにその翌年には、原因不明のまま亡失したフランス建造になる防護巡洋艦『畝傍《うねび》』が回航されているが、この場合は指揮官と基幹部員が日本海軍軍人で、水兵は大半がフランス人だった。全乗組員を海外派遣しての回航は、かなりの経費を必要とするために妥協が図られたのかもしれない。

『定遠』は清仏戦争の終了した翌年、続いて完成した『鎮遠』とともに改めて清国へ回航され、東洋一の強力艦として各国海軍の一大脅威となった。もちろん日本海軍も重大な脅威と認識しているのだが、二六センチ砲二門を持っているとはいえ舷側装甲のない『浪速』では対抗など考えられない実力差があり、当時の艦隊では手も足も出なかった。

清国は示威の目的もあったのか一八八六（明治十九）年八月、主力艦隊を近隣諸国へ巡航させ、ウラジオストック訪問をすませた『定遠』『鎮遠』を含む艦隊を長崎へ寄港させて、石炭の補給や乗組員の休養を目論んだ。このとき、上陸して酩酊した一部乗組員が地元民に乱暴をはたらき、警察官に連行されたのだが、これを取りもどそうとする多数の清国海軍兵が警察署に詰めかけ、騒動になりかけている。

その場は平穏にすんだものの翌々日、秘かに武器などを入手した清国兵は、地元民や警察官と衝突して大規模な騒動となり、双方に死者の出る事態が発生した。俗に長崎騒動と呼ばれる事件である。

詳細は省くが清国兵には士官も混じっており、銃こそ用いられなかったものの剣や棍棒で武装した兵たちと警察官双方に数人ずつの死者があって、清国兵多数が拘留されている。艦隊はこの出来事に反応して、陸戦隊を派遣しようとか、市街を砲撃すべしという動きもあったのだが、清国艦隊の丁汝昌提督はこれを認めず、騒ぎはこれ以上拡大しなかった。

たまたま長崎港には日本軍艦がおらず、無線電信のなかった当時には洋上の艦への通信ができないので、日本海軍は騒動に巻き込まれずにすんでいる。これも事件が拡大しなかった一因だろう。

その『定遠』と『鎮遠』の二巨艦は、半分の排水量しかない『扶桑』一隻しか装甲艦を持たない日本海軍にとって重大な存在であり、これに対抗できるだけの重装甲艦を手配できないまま、せめてもの対抗策として『厳島』『橋立』『松島』の巨砲搭載防護巡洋艦、いわゆる三景艦がフランスで建造された。技術習得のために『橋立』だけは、横須賀工廠で建造されている。

これが完成期を迎えるころの一八九一（明治二十四）年七月、『定遠』と『鎮遠』を中核とした清国艦隊が再び日本を訪れ、神戸を経て横浜へ入港している。このときに接伴した日本艦隊の主力は、すでに就役から一三年を経た『扶桑』のままであり、居並ぶなかには匹敵するものすらない状態だった。

当時の新聞を見ると、日本海軍は国民の意識からかなり遊離しており、まったくの他人のような関係で「国民の海軍」どころではなく、「海軍省の海軍」とまで呼ばれている。日本国民には、海に囲まれていながら海を見ようとせずに生活している者が多く、大陸との障壁でもある海洋を自国のよりどころとして掌中に入れていたイギリス国民とは、地理的な立ち位置が似ているにもかかわらず、まったく裏腹な国民性をしていたように思われる。

それでもこのときの清国艦隊の訪問は、大きく報道されたことからも日本国民世論に重大な影響をおよぼし、海軍拡張の必要性も認識され、以後の政策に変化をもたらしている。

日清戦争・黄海海戦（鴨緑江海戦）・一八九四（明治二十七）年

この『定遠』と『鎮遠』が現実の脅威となったのが、一八九四年に始まった日清戦争である。朝鮮半島でこの年の春に起きた東学党の乱に応じて、日清両国が鎮圧のための兵の派遣を行なったことから、両軍が睨み合う一触即発の状況となり、海を挟む両国のこととて、最初の衝突は海上に発生した。この戦争についても、「巨砲艦」で詳しく採り上げているので、ここでは簡単にすまそうと思う。

当時、清国が保有していた艦隊は、いわゆる軍閥のままいくつかに分散していたのだが、日本海軍としてはそれらの総計と戦う準備をしなければならない。主力は『定遠』と『鎮遠』で有力艦は大半が北洋水師に属しており、別表のような勢力である。日本艦隊はほとんどが格下の存在で、普通に考えれば全力同士での戦闘に勝ち目はない。

しかしながら周知のように、この戦争における海上戦闘の結果は一方的ともいえるところで、大口径の備砲、分厚い装甲鈑の能力が数字上のものに過ぎず、艦隊の実力はそれだけで表わし得るものでないことが明らかになった。

とはいえ、数時間にわたって戦われた海戦では、『定遠』に二〇〇発もの砲弾を命中させながら、その攻撃力をほとんど奪えなかったのも事実である。頼みの三二センチ砲は、海戦全体

日本			
艦名	排水量	装甲厚	主砲
扶桑	3717t	229㎜	26㎝×4
千代田	2400t	114㎜	12㎝×10
三景艦	4217t	甲板51㎜	32㎝×1
浪速	3650t	甲板51㎜	26㎝×2
秋津洲	3100t	甲板76㎜	15㎝×4
吉野	4150t	甲板45㎜	15㎝×4
和泉	2920t	甲板13㎜	25.4㎝×2
筑紫	1350t		25.4㎝×2

清国					
艦名	排水量	装甲厚	主砲	速力	種別
鎮遠・定遠	7220t	350㎜	30.5cm×4	15.7kt	重装甲艦
経遠・来遠	2900t	240㎜	21cm×2	16kt	装甲巡洋艦
平遠	2150t	240㎜	26cm×1	10.5kt	
致遠・靖遠	2300t	甲板100㎜	21cm×3	18kt	防護巡洋艦
済遠	2300t	甲板100㎜	21cm×2	16.5kt	
超勇・揚威	1380t		25.4cm×2	16.5kt	砲艦

で三隻合わせても一三発しか発射しておらず、一発命中したとも言われるものの、重大な損傷は確認されていない。

『定遠』『鎮遠』の非装甲部は穴だらけになり、しばしば火災も発生しているけれども、天蓋をはずしていた露砲塔でも戦闘力の喪失は起きておらず、その防御方法はなお無効ではなかったことが理解されるだろう。日本艦隊の旗艦『松島』の大破を確認しながら戦闘を継続せず、二隻が撤退したのは主として砲弾の欠乏が理由であり、とくに副砲弾はほとんど底をついていたとされる。

日本側の装甲事情では、まともな舷側装甲を持っていたのは『扶桑』のみで、清国艦の中口径砲にはよく耐えたが、隊列後尾にあったことからも滅多打ちにされるほどの猛攻を受けてはいない。戦果の大半をもたらした中口径の速射砲も、重装甲艦の防御を突破することはできず、やはりそのためには大口径砲を持った重装甲艦が、相手よりもより進歩した艦が必要だという認識は変わらなかった。そしてこれは、すでに建造中だった『富士』『八島』として結実し、日本海軍は大きな一歩を踏み出していく。

衝角

装甲艦に限らず、この時代の軍艦に特有の装備である衝角は、小は艦載水雷艇に至るまで取り付けられていた「武器」であり、本気で体当たりをするための、槍の穂先だった。

もちろん艦載艇クラスでは、さして頑丈なものでもなく、ただそういう形をしているというに近いものだったが、操船ミスから戦艦の横腹、無装甲部分に衝突したときには浸水まで引き起こしたとされているので、それなりに威力があったことは間違いない。

しかしながら船は、軍艦といえども極端な強度を持っているものではなく、あまり激しくぶつかれば自分のほうも壊れてしまう。衝角突撃のマニュアルでは、最終的な衝突の瞬間に許容される自艦速力の最大値が定められており、それ以上の速力でぶつかれば自身も危険になるとされている。

とはいえ、相手が動けなくなっていればともかく、運動中の艦にぶつけるとなれば逃げる側も必死だから、最後の瞬間に手を抜くような衝突は難しい。それゆえ少しでもこの制限を緩和するため、衝角を補強しなければならない。

一般に鉄製、鋼鉄製の軍艦では、衝角を持つ船首材は形状が複雑な場合が多く、棒材や板材の組み合わせでは造りにくいため、大きな鋳物で造られることが多かった。衝角は鉄のカタマリに近いもので、非常に強固だけれども、これを支える船体側にも強度がなければ、曲がったりもげたりしてしまう。

そこで装甲を持つ艦では、装甲鈑を艦首まで延長して衝角に直接接合し、衝撃を艦全体へ分散するように造られている。甲板装甲は多く吃水線直下にあるわけだが、艦首部では下へ緩やかに曲げられて、衝角の先端直後へ接続される。舷側装甲もまた、下端を延長して衝角を包み込むように補強しているのだ。

木造艦では、こうした構造が難しいため、衝角は大きな鋳物で造られた突起物を外付けするのだが、やはりぶつかるともげてしまうことが多かった。

軽構造の巡洋艦などでは、水中部分の有効長を少しでも稼ぐため、プラウ・バウ（豚鼻艦首）と呼ばれる、一見衝角によく似た形状に造られる場合があり、衝角を持っていると勘違いされることもあるが、強度はなくて単なる流体力学上の形状でしかない場合が多い。

がっちりとした衝角でも、これと同じ原理で推進抵抗を有利にするため、形状がほとんど同じ場合もあるから、小型の巡洋艦などではどちらなのか判然としないものもある。いずれにせよ船体の一部であり、簡単に付け外しのできるようなものではない。二〇世紀に入って衝角の廃止が一般的になっても、これを取り去ると艦首形状を造り直さなければならなくなるから、ほとんどはそのままになっていた。廃止されたのは武器としての考え方であり、これを運用するための訓練などがなくなっただけの場合もあっただろう。

その後も衝角は忘れた頃に事故を引き起こし、この武器がどちらかといえば、敵より味方にとって危険だということを再確認させたのである。

第四章　表面硬化鋼の時代

アメリカのニュー・ネイビーと米西戦争

南北戦争の終結以来、モンロー主義を掲げてヨーロッパ情勢への不介入、無関心をモットーとしてきたアメリカ合衆国だったが、ようやくに海上覇権の重要性を認めて、一八八〇年代から巡洋艦を嚆矢に外洋戦力の整備を始め、一八九〇年代には戦艦を造りはじめる。この頃からのアメリカ海軍はニュー・ネイビーと呼ばれ、それまでの海軍とは一線を画したものと考えられているが、まだ基本は沿岸警備艦隊でしかない。

現代のアメリカ海軍を知る目からは信じ難いことだろうが、一八九〇（明治二十三）年のアメリカ海軍は、片手で数えられるくらいの防護巡洋艦と、半ば朽ちたモニターだけしか持っていないような状態だったのだ。

いわゆる戦艦に列せられる初めての軍艦は、一八九〇年代半ばに完成した『テキサス』Texasと『メイン』Maineで、装甲鈑には自国で開発された新式のハーヴェイ甲鉄（ハーヴ

アメリカ装甲艦メイン。排水量6682トンで、25センチ砲４門を積むが、砲塔を最上甲板へ上げることができず、左右にずらして上甲板に装備している。

ェイ鋼＝Harvey steel）が採用されている。しかし排水量はどちらも六〇〇〇トン台でしかなく、主砲塔の配置も旧式で、国際的に見た実力はやっと二流といったところだ。『テキサス』は知名度も低く、ようやくモニターから脱しようとしただけの艦といえ、海軍における存在感もけっして大きなものではなかった。

しかし『メイン』は一八九八（明治三十一）年二月、海軍史に残る大事件に巻き込まれ、その名は世界中に知れわたってしまう。折から不穏な空気の漂っていたキューバのハバナ港内で碇泊中、突然に前部弾薬庫の爆発を起こし、乗組員の三分の二にあたる二六六名の死者を出して沈没したのだ。この事件は、『メイン』がそもそも状況不安定なハバナの治安を案じ、居留するアメリカ国民保護のために入港していたことから、当時キューバを植民地としていたスペイン政府筋の破壊工作ではないかと疑われ、海底の船体の検分が行なわれている。

このとき『メイン』には、員数外と思われるコック、ボーイなどとして、八人の日本人が乗っており、そのうちの六人が死亡、二人のみが生き残ったとされる。彼らが二六六人の中に入っていたのかどうか、定かではない。おそらく他にも非アメリカ人が乗っていたと思われるものの、正確な数はつかめないし、他の艦のこういう人々が、開戦に至った時どう処遇されたのかもわからない。スペイン人は、いたとすれば解雇されただろう。

当時の新聞に、この事故によって死亡した日本人青年の記事がある。以下に、その記事を転載するが、旧文体で読みにくいため現代風に変えてある。

……明治三十一年七月五日付・毎日新聞

メイン号にて惨死を遂げた日本少年

先に米国軍艦メイン号がハバナ湾付近で爆沈したことは読者の耳にも届いていると思われるが、このときメイン号には七、八人の日本人が乗り組んでいたという。

その中の一人は、神奈川県橘樹郡程ヶ谷（保土ヶ谷）町××石田藤次郎の長男音次郎（二七歳）という。彼はこの爆発事故の際、重傷を負って海中に投げだされ、そのまま絶命した。

彼は生前、日本の両親に対して、仕事をしておりいくらかの金を送ったようなことを書き送っていたけれども、詳細はわからないままだった。

ところが音次郎の友人が、彼が不慮の死を遂げたことを通知したため、両親は初めて彼の死を知ることとなり、非常に驚いたという。

送金うんぬんの話もあったため、さっそく横浜へ出向いて各金融機関を調べたところ、正金銀行に宛てて一千円余の振り込みのあったことが判明した。両親は手数料を除いてほぼ一千円の現金を受け取っている。

また神奈川県庁からも連絡があり、米国政府から音次郎の給金十二ヵ月分、八百円余の支払いを依頼されたので、証人二人を伴って支払いの願書を提出するようにと伝えてきた。

さらに米国領事館からは、犠牲者の遺族に対して下賜金があるので、やはり証人二人を立てて下げ渡し願書を提出すべしと通知があった。

家族は夢かとばかりに驚きながらも、すぐに双方へ願書を提出している。

音次郎は、生前よく両親に仕え、非常な孝行者だったという。身は遠い異国の地にあっても、給金の一部を割いて両親に送り続けていたとは、誠に近時青年男児の好模範と言えるだろう。……引用ここまで

『メイン』船体の破壊状況から、最初の爆発が外部で起きたと結論づけられた（後に誤りだったとされる）ので、アメリカは爆発の原因をスペイン側の破壊工作によるものとの疑いを深め、これに乗った新聞が「メインを忘れるな！ Remember 'The Maine'」と書き立てて世論をあおった。後に新聞王と呼ばれるようになるハーストとピューリツァーは、事実が少々歪曲されていようがいまいが気にかけることはなく、イエローペーパー（二流のゴシップ紙の意）と呼ばれていた彼らの新聞の見出しをことさら刺激的にすることで、売り上げを大きく伸ばしたのだ。

暴力的な単語、復讐を心に植えつける言い回し、現代的に言えばヘイト・スピーチによって世論は沸騰し、民意を代弁するという議員が強硬に開戦論を唱えたため、政府はその意志にかかわりなく戦争を強要され、とうとうアメリカ合衆国は一八九八年四月二十一日、スペインに最後通牒を送る。スペインはこれを戦争の宣言と受けとめ、数日のうちに両国は互いに宣戦を布告しあった。

当時のアメリカの戦艦は、太平洋側にあった『オレゴン』と旧式な『テキサス』を含めても五隻しかなく、装甲巡洋艦も二隻しかなかった。一方のスペイン海軍には戦艦こそ少なかったものの、新型の装甲巡洋艦が五隻もあり、いずれもカタログ値ではアメリカ戦艦より速かったので、戦艦やモニターではこれらを洋上で捕捉できず、沿岸都市を防御しきれないと考えられたため、アメリカ東海岸にはパニックが広がっている。地区選出の上下院議員たちが、俺のところへ戦艦を張りつけろと口々に要求して収拾がつかなくなったのだ。政府はエンジンの付いている船を片っ端から徴発して骨董品の大砲を積み、「軍艦」と称して防衛任務にあてている。

これにより急速に拡充された防衛海軍を足場に、その後のアメリカ海軍は大きく成長していくのだが、大規模な海上戦闘はフィリピンのマニラ湾と、キューバのサンチャゴ沖で発生した海戦だけで、どちらの国も本土には何も起きていない。フィリピンのスペイン艦隊は弱小かつ旧式で、圧倒的なアメリカ艦隊によって一方的に撃破されたし、サンチャゴ・デ・クーバ港に到着したセルベイラ提督率いる四隻のスペイン装甲巡洋艦艦隊も、狭い湾口の港に閉じ込められそうになって脱出を試み、直接封鎖にあたっていたアメリカ艦隊に追われ、四隻ともが沈没もしくは全損となるあっけない結果になった。

二〇ノットが発揮できるはずの装甲巡洋艦は整備不良のため、最大速力が一五ノットでしかない戦艦に追いつかれる始末で、艦の実力は周到な整備があってこそという重要な教訓になった。一方的な結果になった原因の一つは、戦争危機を見くびっていたスペイン政府にあり、最新の装甲巡洋艦『クリストバル・コロン』は、予算不足から後日装備とされていた二五センチ主砲を、とうとう積めないまま戦いに加わっていたのである。

セルベイラ司令官自身が、艦隊は訓練もろくに受けておらず、戦える状態にないと政府に抗議を行なっていたほどで、あまりの政府の体たらくに艦隊側も覇気がなく、各艦は若干の損傷が発生すると沈没を避けるために自ら海岸に乗り上げ、自沈処理もそこそこに乗組員が陸岸へ逃亡してしまうという戦いだった。アメリカ艦隊には損害も少なく、海戦での戦死者はわずかに一名だけである。それゆえ、新式装甲の実力は確認されず、さらにヨーロッパでより優秀な装甲鈑が開発されたため、ハーヴェイ甲鉄の装甲を持った艦は、比較的少数に終わっている。

ハーヴェイ甲鉄

ハーヴェイ甲鉄はアメリカで開発された新しい装甲鈑で、強靭なニッケル鋼に浸炭という特殊技術を施し、表面部分だけを組成の異なった合金として焼き入れを行ない、硬度を極端

装甲鈑の船体への固定方法

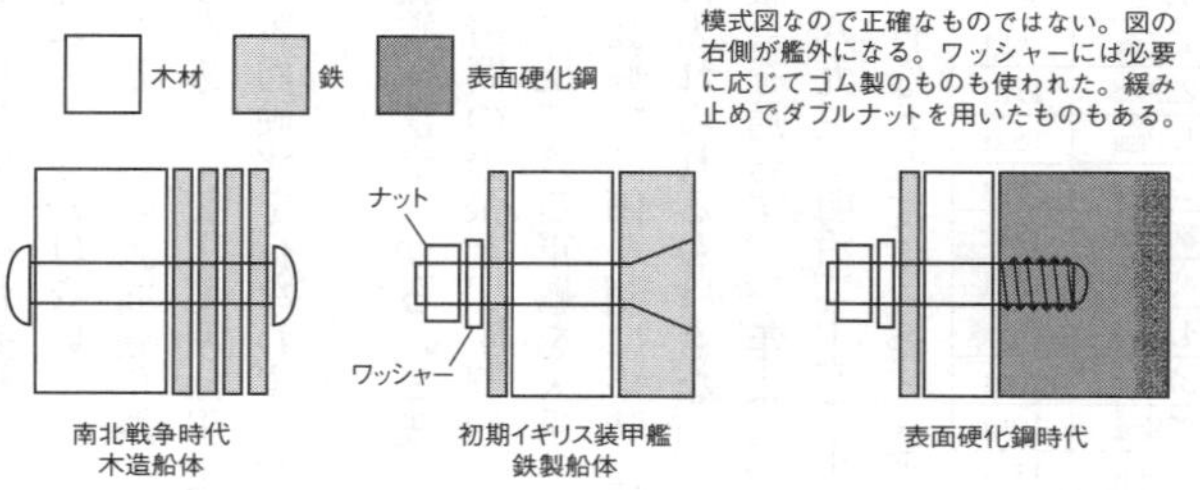

模式図なので正確なものではない。図の右側が艦外になる。ワッシャーには必要に応じてゴム製のものも使われた。緩み止めでダブルナットを用いたものもある。

に上げたものである。普通なら衝撃で割れてしまう硬質部分が、背後にある粘り強い鋼鉄と一体になっているため、割れ、剥がれなどが起きにくいのだ。

　ガラス様に硬化した表面を突破できない砲弾は、跳ね返されるか自身の運動エネルギーによって破壊され、十全の破壊力を発揮できなくなる。これにより、複合甲鉄に比べて耐弾力はおよそ五〇パーセント増しとなり、より薄い、すなわち軽い装甲鈑で、同じ大きさの砲弾を食い止められると考えられた。

　この新装甲鈑の利用にはパテントの問題があるため、次ページ表のようにその導入は各国同時ではない。アメリカ、イギリスでは一八九五年頃の完成艦から使われているが、それ以外の国では九八年頃から見られるようになったくらいだから、一八九七年完成の『富士』への採用は、かなり時期が早いともいえる。これはさらにドイツのクルップ社でニッケル鋼にクロムを加えた新しい装甲鈑へ進化し、一般にクルップ甲鉄と呼ばれる新式装甲鈑が主流となっていく。この装甲鈑のパテントは輸出され、各国で細かな改良を加えられて、それぞれに異なった名で呼ばれることもあるが、基本的には同じものだし、能力に大きな差はない。

ただし、この表面硬化鋼は、直撃する砲弾を硬い表面で破砕する目的を持つので、高価なこともあって使用範囲は限定され、一般に浅い命中角度になる甲板装甲などでは、同じ素材でも表面硬化を行なわず、靭性の強さによって弾き返す形での防御が考えられている。

戦艦『富士』から『三笠』へ

日清間の緊張と、圧倒的な『定遠』『鎮遠』の威力の前に顔色をなくした日本海軍は、これに対抗できる軍艦を入手しようと図ったが、基幹となる海軍戦力が未整備な状況では、大型重装備で高価な割に平時には使い道がなく、経費ばかりがかかる戦艦などという贅沢品を手に入れられるわけもない。海軍予算は現有戦力の維持にあてられ、新型大型艦の建造費用は議会を通らず、一年また一年と計画は先延ばしになっていた。

一八九三（明治二十六）年に、明治天皇の詔勅によって内廷費の節減、官吏の俸給削減などが行なわれてようやく建造が実現したものの、完成は一八九七（明治三十）年になり、日清戦争には間に合わなかった。

前述したように、本艦の建造途中で新式ハーヴェイ

厚さ	速力
457㎜	16kt
229㎜	17kt
152㎜	18kt
229㎜	18kt
305㎜	17kt
457㎜	15kt
419㎜	16kt
279㎜	18kt
279㎜	19kt
406㎜	15kt
406㎜	16kt
229㎜	18kt
250㎜	18kt
190㎜	17kt
400㎜	16kt
400㎜	16kt
300㎜	17kt
450㎜	18kt
400㎜	18kt
370㎜	18kt
280㎜	19kt
457㎜	18kt
229㎜	18kt
229㎜	18kt

装甲鈑変遷期の各国戦艦

	艦　名	起工年	完成年	標準排水量	装甲種別
イギリス	ロイアル・ソヴリン	1889	1892	14150t	複合
	マジェスティック	1894	1896	14890t	ハーヴェイ
	カノーパス	1896	1900	13150t	クルップ
	フォーミダブル	1898	1901	14500t	クルップ
アメリカ	テキサス	1889	1895	6135t	ハーヴェイ
	インディアナ	1891	1896	10288t	ハーヴェイ
	キアーサージ	1896	1900	11540t	ハーヴェイ
	メイン	1899	1903	12846t	クルップ
	ヴァージニア	1901	1906	14948t	クルップ
ロシア	ナワリン	1889	1896	10206t	複合
	ペトロパブロフスク	1892	1899	11354t	ハーヴェイ
	ペレスウェート	1895	1898	12683t	クルップ
	ツェサレヴィチ	1899	1903	12915t	クルップ
	ボロディノ	1899	1904	13516t	クルップ
ドイツ	ヴァイセンブルク	1890	1894	10501t	複合
	ブランデンブルク	1890	1893	10501t	クルップ
	カイザー	1895	1898	11599t	クルップ
フランス	シャルル・マルテル	1891	1897	11693t	ニッケル鋼
	ブーベ	1893	1898	12007t	ハーヴェイ
	シャルルマーニュ	1894	1900	11100t	ハーヴェイ
	リパブリク	1901	1906	14605t	クルップ
日　本	富　士	1894	1897	12320t	ハーヴェイ
	敷　島	1897	1900	14850t	ハーヴェイ
	三　笠	1899	1902	15140t	クルップ

甲鉄の採用が実現したのだが、すでに設計は終わり、工事が進捗している状況では装甲鈑の厚さの変更と範囲の拡大は実行困難であり、無理に行なうとすれば工期が大幅に伸び、費用もかさんでしまう。

そこで装甲鈑そのものは新しくなっても、設計どおりの寸法で取り付けることとなり、無駄に頑丈な装甲を張る形になってしまっている。確かに舷側装甲帯は強固になったのだが、範囲は狭く、防御の不十分な部分は広いままなので、費用に対して効果は大きなもの

日本戦艦富士。初期の写真で塗色が平時のものである。

ではない。そもそもの厚さ四五七ミリ（一八インチ）もの複合甲鉄は、新式の三〇・五センチ砲弾に見合ったものであり、旧式な『定遠』級の砲弾なら問題なく食い止められるはずのものだから、それ以上に強度を増しても意味は乏しいのだ。それなら厚さを抑えて範囲を広げた方が有利なのである。

戦艦そのものは計画が遅れたことによって現実の戦争には間に合わなかったのだが、副作用として、より新式になるという効果もあった。『富士』のタイプシップとされた『ロイアル・ソヴリン』級戦艦は、これも前述のように航洋性を増したものの、砲塔は船体に埋め込まれたような高架砲塔で、近代戦艦とはいささか趣を異にしている。『富士』は外見上、次世代の『マジェスティック』級に近く、後に建造された『敷島』以降の艦と並べても違和感が小さい。

もし二年早く建造されていたら、『ロイアル・ソヴリン』と同じ砲塔、同じ主砲だったと思われるし、速力性能も実際より劣るものになっていただろう。遅れたがために後の日露戦争では主力艦隊内にあって問題なく行動できたのだが、もし日露戦争がなければ、使われないままの無用の長物になっていたかもしれず、喜んでばかりはいられないところだ。

近代砲塔

上甲板よりわずかに高いだけのバーベット上に、あたかも裸の砲身が転がしてあるような『ロイアル・ソヴリン』の砲塔と、その後継である『マジェスティック』級の初期艦や日本に輸出された『富士』が装備した砲塔には、その内部構造にあまり大きな差がない。図をご覧いただくとご理解いただけるかと思うが、この二つの砲塔の間にある顕著な差は、俯仰軸の位置と砲室からの外部観察口の高さだけに近く、この二つはまさに高架砲塔の欠点として挙げた部分なのだ。

これらの欠点は俯仰軸を砲軸に近い高さに、指揮官の眼高を砲身に遮られない高さに上げることで解決できるわけだが、その部分に直接防御が必要になる。そのため俯仰軸の直前に最小限の大きさの防楯が設けられ、そこから最大俯角で持ち上がってくる砲尾を遮らない形に天蓋を設けて砲室を形成し、後部の天蓋から突き出すように指揮塔を置いた。

この砲室は、それが高架砲塔の平たい天蓋を膨らませたような発想だったためか、それまでの囲砲塔のような重厚な装甲を持たされなかった。ひとつには前述のように、砲室内にある重要物が俯仰軸と指揮所だけのような状態で、危険な装塡装置はまだ完全にバーベット内にあり、装塡の瞬間以外は砲室と連絡されていないから、完全に敵弾を遮らなければならな

マジェスティックとロイアル・ソヴリンの主砲塔比較

(砲室の有無以外には差が大きくない)

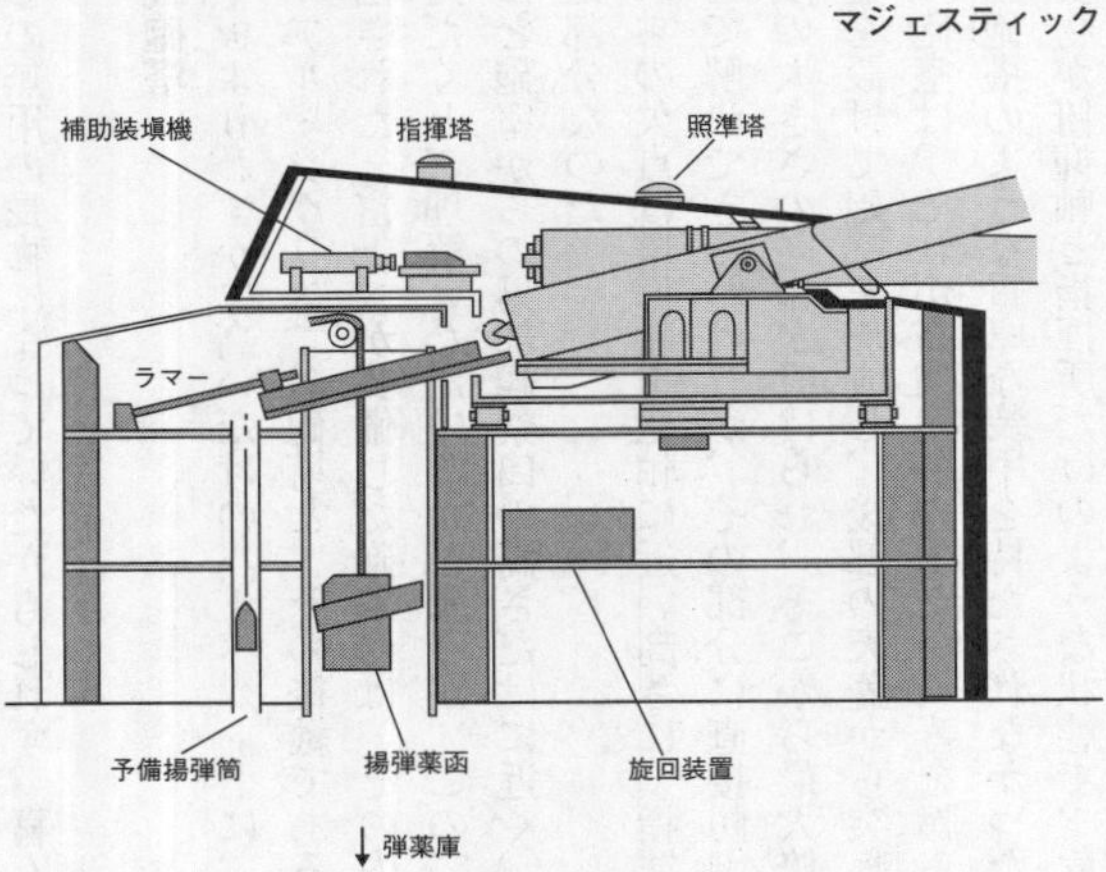

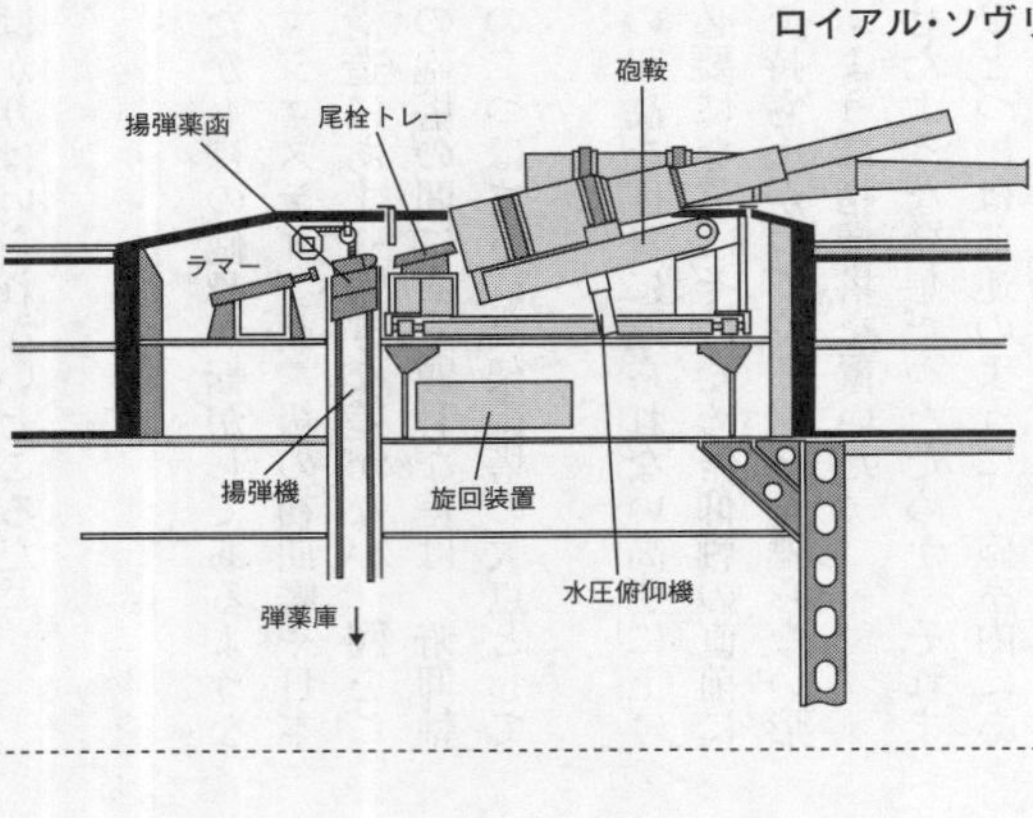

い重要性が低かったことによるのだろう。

『マジェスティック』が装備する一二インチ・マークBⅡ砲塔の砲室前盾は、バーベットの三五六ミリの厚みに対して、傾斜させられているものの二六七ミリしかなく、側面はわずかに一五二ミリである。

『ロイアル・ソヴリン』の三四・三センチ三〇口径砲から、新しい緩燃性装薬を用いた三〇・五センチ三五口径砲になったことで、一門あたりの砲身重量は六七トンから四六トンに減ったのだが、砲身が細長くなったために重心は砲口寄りになり、旋回盤を小さくするために砲身が極力外へ出されるように装備されたから、旋回部分のバランスが悪くなったので砲室を後方へ延長し、後壁をカウンターウエイトの代用にするため大きく張り出している。

『富士』の砲塔はさらに装甲が薄く、バーベットは同じ三五六ミリであるものの、砲室前盾はわずかに一五二ミリしかない。これは自艦の三〇・五センチ砲弾どころか、二五センチ程度の砲弾に対しても不十分な厚みでしかなく、舷側装甲をハーヴェイ甲鉄に換えて重量を捻出し、より強固にしたかったものが叶わなかったのだろう。砲身を強力だが重い三〇・五センチ四〇口径砲（重量は約五〇トン）にしたことも影響しているかもしれない。

　前盾を厚くすれば重くなって旋回部分のバランスが悪くなるから、後部にも重量を増やさなければならなくなる。そうなると旋回部全体がずっと重くなってしまうために、旋回盤やその支持構造を強化しなければならず、造り直すとなれば大変な手間やカネがかかるので、この部分の装甲の強化は非常に難しいのだ。

この系統のイギリス式砲塔では、この後も長く砲室装甲がバーベットより薄い状態が続いている。装甲鈑は次の『カノーパス』級からクルップ甲鉄になったが、傾向は変わらなかった。砲室前盾の装甲厚がバーベットのそれと肩を並べるのは、一九〇五年に就役を始めた『キング・エドワード七世』級からになる。これは、その装甲を突破されると艦全体が危険になるか、その部分だけの被害に止まるかの差から来るのだから、砲弾の落角をふくめた戦闘様相への予想の違いから決められたのだろう。

日本でも状況は似ていて、『敷島』から『三笠』ではバーベットの三五六ミリに対し、砲室前盾は二五四ミリとされている。これは続く『香取』でほぼ並び、以後はだいたい同じレベルになるが、明確に砲室のほうが厚くなるのは、『長門』以降のようだ。円筒形のバーベットのほうが、敵艦に正対する砲室前盾より避弾径始上有利なので、本来は前盾がより厚くなるのが自然である。実際に後の『大和』では、それぞれ五五〇ミリと六五〇ミリだったと言われている。(数字に異説はあるが、いずれも前盾のほうが厚い)

日清戦争の後、今度はロシアの脅威に直面して、一八九六(明治二十九)年から翌年にかけ、日本海軍は急速に戦艦戦隊を充実させる。まず建造されたのが『敷島』で、『富士』をさらに拡大し、主砲砲身は同レベルのものだが、砲塔は新型になって砲塔の向きとは関係なく装塡が可能になった。引き続きハーヴェイ甲鉄を採用し、舷側装甲帯は二二九ミリと薄くできたので、浮いた重量で防御範囲を拡大している。副砲砲廓にも防御が施され、全体としての防御力は大幅に向上した。

一八九七（明治三十）年度計画の最終艦『三笠』は、新発明のクルップ甲鉄を採用したが、厚みは同等に維持したので、防御力はさらに増した。クルップ甲鉄はハーヴェイ甲鉄よりさらに三割ほど強度が増しているとされ、以後はほぼこのレベルの装甲鈑が用いられるようになる。

この時期、イギリスでは『マジェスティック』級に続く『カノーパス』級で、装甲鈑にクルップ甲鉄を採用し、その厚みを極限ともいえる一五二ミリ（六インチ）にまで薄くしている。カタログ上はこれでも『マジェスティック』の二二九ミリ（九インチ）、『ロイアル・ソヴリン』の四五七ミリ（一八インチ）と同等もしくはやや劣る程度の防御力があることになるらしいのだが、装甲防御というのは厚みだけに還元できるほど単純なものではなく、後継の『フォーミダブル』級では九インチにもどされた。この問題について少し触れておこう。

ハーヴェイやクルップ式の表面硬化鋼によって装甲鈑はさらに薄く、軽くできたわけだが、魔法ではないので、これと引き換えになった問題がある。簡単に言ってしまえばそれは質量であり、装甲鈑にとって重さという要素は必須のものであって、軽くできればよいだけではないということなのだ。

たとえば、薄くて強靭な、砲弾をまったく通さない装甲鈑があったとしよう。その重量がある大きさで一トンしかなかったとすれば、重量一トンほどの四〇センチ級砲弾が命中したとき、撃ち抜かれなかった装甲鈑は食い止めた砲弾の運動エネルギーをそのまま受け取ることになり、砲弾と同じ速度、すなわちおおよそ秒速五〇〇メートルで反対側へ弾き飛ばされるのだ。これではいかに鋼構造でも受け止めきれるものではなく、装甲鈑そのものが砲弾となって内部を破壊してしまう。

比較的柔らかだった（鉄としては、だが）錬鉄板の時代には、命中した球形弾によって凹まされても、突き抜けさせなければ内部への被害波及は限定的だった。これは装甲鈑そのものの変形と、その質量の大きさとの比率で小さくなった移動量を背後の支持構造が支えきり、破壊されることなくエネルギーを海中へ拡散していたためなのだ。木製の分厚い背材もクッションとしてこれを助けているから、単なる寸法調整や取り付け用の木材ではなかったのである。

薄くなった装甲鈑にはこの効果が乏しく、砲弾の突破は避けられても受け止めたエネルギーによる変形は、それが一時的にせよ防ぎきれはしない。背後の支持構造も変形し、取り付け部材の破断や構造材の恒久的な変形、接合部分の分離などが発生する。防弾チョッキで銃弾の貫通は防げても、内側の肋骨が折れるのと同じことが起きるのだ。このため、装甲鈑は薄くできても、その分一枚を大きくして質量を維持しなければならないし、支持構造には命中衝撃に耐えるだけの強度が必要になる。それでも変形は防げないから、ある程度以上の大きさを持つ砲弾が当たれば、たとえそれが想定された限界の大きさ以下の砲弾でも、命中時のダメージはゼロにはならないのである。

この命中による変形は、砲弾が装甲鈑の端に命中した場合には顕著に大きくなるため、継ぎ目を減らす意味でも一枚の大きさは重要な要素になる。とはいえ、加工や取り付けの問題があってどこまでも大きくするわけにはいかないから、これまた技術的な妥協が図られることになった。

装甲鈑の船体への取り付けの問題では、薄い装甲鈑は命中弾による一時的な変形が激しく、取り付けボルトを引きちぎってしまうなどして脱落する可能性が高くなる。

写真は第一次世界大戦のジュットランド海戦時、イギリス艦の砲弾が命中したドイツ巡洋戦艦『デアフリンガー』の左舷艦首装甲鈑の脱落状況を撮影したものである。命中したのは三八センチ砲弾二発と見られるが、厚さ一〇〇ミリの装甲鈑は高さが約六・四メートル、幅が約二・五メートルあり、命中点は吃水線の直上、ほぼ装甲鈑の上下中央付近と見られるものの、角度や左右の位置は明らかではない。砲弾が貫通、炸裂した様子はなく、背後の船体外板が大きく凹まされている。もちろん浸水もあったが、区画が小さかったため影響は大きくなかった。

デアフリンガーの艦首装甲被害写真。装甲鈑２枚が脱落し、内側の船体が大きく凹んでいる。

おそらく装甲鈑は命中の衝撃によって大きく屈曲した後、激しく波打つように振動し、取り付けを破壊したのだろう。隣接した二枚にそれぞれ砲弾が命中しており、強烈な衝撃があったとされる。直下の魚雷発射管室では、魚雷が五〇センチ以上も跳ね上がったというのだ。

この装甲鈑の重量は、一枚あたり一三トンほどになるが、砲弾は八七一キログラムもあるので、重量比は一五対一程度になり、受け止めた運動エネルギーを吸収しきれなかったのだと思われる。当時の位置関係からすれば砲弾は斜め前方から、あまり大きくない落角で、いくらか外側へ傾斜した装甲鈑に当たったのだろう。炸裂も貫通もしていないことから、海面で反跳して姿勢を崩した跳弾だった可能性もある。装甲がなければ貫通しただけで、やはり炸裂はしなかった可能性が高く、どちらのほうが被害が大きかったかは微妙なところだ。

船体中央部の厚い部分では、内装式にすることで脱落は可能性が低くなるものの、艦首尾に薄い装甲を張る場合にはこの方式が困難であり、どうにも完全な解決策はなかったようだ。仮に方法があったとしても、そのために極端に価格が上昇してしまうのでは、建造できる艦の数が減りかねないので本末転倒になってしまう。

この問題と、条約によって排水量を制限されたこともあって、第一次大戦後に建造された戦艦では全般に集中防御の傾向が強くなり、艦首尾の吃水線付近に薄い装甲を張るものは少なくなっている。それでも小さな被害による浸水を防ぐにはなお有効な方法だったから、戦艦を計画する側には悩ましい問題になった。

装甲鈑の材質にしても、やはり経済的問題があり、極端に高価な素材は用いようがない。

また、そうした希少素材は自国で産出しないかぎり供給を押さえられる可能性があって、これまた重心を置きにくい問題になる。燃料の供給問題と同様、国防には重大な障害になり得るので、あまり極端な手段はかえって防衛力を脆弱にしかねないのだ。

こうした問題と、「軽い装甲鈑」という軍艦設計上の利益との兼ね合いは、軍艦が必ずしも実戦で生きるか死ぬかのようなギリギリの戦いを経験するとはかぎらないことから、額面上の有利さに引き寄せられていくことになる。たとえば、砲弾が装甲鈑に対して垂直に命中することはまれであり、斜めに当たる前提に立てばいくらかは薄くできるわけだ。

装甲鈑の端に命中した場合、当然に耐弾力は弱くなるから、その分をマージンとして考えれば装甲鈑中央部ではかなり余剰な強度を持つことになるので、ある程度妥協した位置より端へは命中しないものとしてしまう。バーベットのように円筒形のものでは、その中心へ向かって正確に命中する可能性が低く、いくらか中心を外れることを前提にして強度を定めれば、それだけ薄くできるのだ。

カタログ上の対弾性能は恣意的な基準によって求められ、運悪く弱い部分に当たってしまったらどうなるかには、目をつぶらなければ設計がまとまらない状態に至っている。さらには攻撃側の能力向上もあって、かつての「びくともしない」装甲艦はすでに成立せず、激しい戦いでは損耗を覚悟しなければならないから、軍艦は本来の使い捨て兵器にもどっていった。

この段階で、「不沈艦」というような表現は絵空事になるのだが、絵空事であるがゆえに人々の心には浸透しやすく、また莫大なカネを費やした数万トンもの軍艦を使い捨てられない現実との折り合いもあって、戦艦という存在は一種神格化していったのである。

装甲鈑の役割は、致命的な破壊をできるだけ艦内部へ侵入させないだけになり、装甲鈑自身と構造へのなんらかのダメージは発生するものと考えなければならなくなった。ただ、船としての能力に大きな損傷がなければ、いささか強度が落ちる程度ですむ場合もあるから、帰還すれば修理できる範囲ではある。

砲弾が致命部へ突入すれば、最悪では弾薬庫の誘爆を引き起こし、艦はほとんど一瞬で失われてしまい、以後の戦闘にはまったく寄与できなくなってしまう。たとえ行動能力を失っても、戦闘力が残っていれば抵抗はできるだろうし、戦いが有利に決着すれば、曳いて帰ってもらうこともできる。沈みにくい艦にはそれなりの存在価値があり、この方面への努力は続けられていく。

もうひとつ、この頃に出現した兵器として、大型の測距儀がある。双眼鏡の左右の目を離すことによって視差が大きくでき、遠くの物体までの距離がより正確に計測できるようになってきたのだ。砲の精度も増してきたから、計測された距離に合わせて正確に砲弾を撃ち込めるようになり、より遠距離でも効率的な戦闘が行なえるようになった。この効果は絶大であり、この手段を持たない軍艦はいくらかでも遠くなれば命中率が大きく低下するため、ほとんど一方的に撃たれることになってしまう。砲の大きさや性能以前に、照準によるアウトレンジが実現したのだ。

ところが、この測距儀はそれなりに艦の高所に置かなければ不都合が多くなる。まだ水平線の彼方まで砲弾を飛ばすような状況ではないが、低い位置に置けば障害になるものが増えるし、波しぶきをかぶりもするだろう。そして精度が高いがゆえに華奢な機械は、衝撃によって簡単に壊れてしまうのだ。これが壊れてしまえば、砲術は前時代にもどり、なお能力を保っている相手に圧倒されてしまう。そして、高所に置いた壊れやすい精密機器を確実に防御する方法は、どこにもなかったのである。すなわち、防御を施せないパーツが、艦の死命を制する事態になったのだ。

バーアンドシュトラウド社の測距儀。1906年当時最新式のもの。

もうひとつ、この時代に急速な進歩を遂げたのが水中兵器である。鋼鉄の利用などによって機雷を係維するワイアが長くできるようになり、今までより水深の深い場所にも敷設できるようになった。素材の強靭化によって魚雷の気室はより頑丈になり、多くの空気を蓄えられるようになって航走能力が大きくなる。そして断熱膨張の問題を解決しようとする試みから、新しい魚雷が生み出される。

気室に蓄えた圧搾空気の圧力を単純に推

進原動力とする魚雷を冷走魚雷と呼ぶのに対し、この圧搾空気に含まれる酸素を利用して燃料を酸化させ、その熱を推進に利用するものを熱走魚雷と呼ぶ。この方式では、空気圧力エンジンと空気室の間に燃料タンクと燃焼室を設けるだけなので、それまでの構造が基本的に継承できることから製造の転換が容易なのだ。そのくせ性能的には桁違いに優秀なものが作れたから、新型魚雷の実用化とともに、両者は経済の許す範囲で急速に置き換わった。

日露戦争

こうした近代的要素が顔を揃えてきたものの、いまだ行きわたらない状態で発生したのが日露戦争である。両軍の主力艦艇を見比べてみると、砲は新しい装薬を用いた三〇・五センチ砲が主力となっているが、まだ黒色火薬系の装薬を用いたものもあって混在している。中口径以下の砲は多くが速射砲になっているものの、一部の旧式艦では換装の終わっていない砲があった。小口径の機関砲も数が多くなっているから、水雷艇の肉薄攻撃は不可能に近くなっているが、魚雷の熱走化はいまだ実験室レベルで、実戦部隊には届いていない。そのため最大射距離は短く、水雷攻撃能力が砲を用いた防御力に圧倒されており、魚雷による攻撃力はあまり決定的なものではない。

装甲鈑には錬鉄からクルップ甲鉄までひととおりのものが顔を揃えていて、旧式な砲廓装甲艦から副砲を砲塔化した新型戦艦までが顔を並べている。新造時には帆装を持っていた巡洋艦も残っているが、さすがに帆を用いて推進している艦はいない。もっとも乗組員は完全には置き換わっていないので、帆走のできる将兵はけっして少なくなかった。

方位盤のような集中管理された射撃指揮装置は未開発だけれども、基線長一・五メートル程度の測距儀は、砲撃を主攻撃力とする艦におおよそ行きわたっていた。照準はいまだに砲側で行なわれており、艦橋から提供される情報は、目標のおおよその方角や運動と精測された距離になる。これにより有効な戦闘距離は五〇〇〇メートルを超えており、最大で八〇〇〇メートルほどになっていた。魚雷の最大射距離はこれよりはるかに短いため、防御火力が健在している戦闘艦に日中、駆逐艦や水雷艇が接近するのは自殺行為と考えられていた。

そのせいもあって大型艦の水中防御はまだ不十分であり、戦艦でも水中部分の舷側に空所を設けたり、その一部を炭庫にして水雷の破壊力を分散、吸収しようと考えられていた程度だった。一万メートルに満たない戦闘距離では、砲弾は海面で反跳してしまい、水中弾にはなりにくいために防御装甲は吃水線のすぐ下までしかなく、「柔らかな下腹」と呼ばれるように脆弱だったのだが、これを狙って積極的に攻撃する手段が乏しかったから、あえて対応する必要がなかったのだ。

もちろん、機雷の脅威は認識されていたから、その爆発による被害を局限しようとする試みはなされていたけれども、充分な余裕がなかったこともあって必要なだけの対策は施されていない。

艦隊間の情報交換、意思疎通にはモールス信号による無線通信が実用化されているものの、到達距離は短く、遠隔地との直接交信は難しかったし、小型艦では装備されていないものが珍しくない。艦隊内ではいまだに旗旒信号や手旗、腕木信号機（セマフォア）が主流である。

　このように、艦ごとに装備されている武器の世代が大きく異なっており、状態は混沌としている。艦としての世代もかなり異なっているため、戦艦、巡洋艦などというおおざっぱな分類では比較が意味をなさないのだ。

　以下に日露戦争当時の日露両海軍の主力戦闘艦の要目を、とくに装甲防御に注目して比較してみようと思う。右の表では、ロシアの黒海艦隊所属艦を除外してある。

日露戦争時の両国主力艦の装甲

舷側装甲厚（クルップ甲鉄を主用したもの）			
日本		ロシア	
三笠	229㎜	ボロディノ級４隻	190㎜
春日級２隻	152㎜	ツェサレヴィチ	250㎜
出雲級２隻	178㎜	レトウィザン	229㎜
吾妻	178㎜	ペレスウェート級３隻	229㎜
八雲	178㎜	（うち２隻はハーヴェイ甲鉄を併用）	
		バヤーン	178㎜
		グロモボイ	152㎜
舷側装甲厚（ハーヴェイ甲鉄を主用したもの）			
敷島級３隻	229㎜	ペトロパブロフスク級３隻	406㎜
富士級２隻	457㎜	シソイ・ヴェリキー	406㎜
浅間級２隻	178㎜	A.ウシャコフ級３隻	254㎜
		ロシア	203㎜
二等級戦艦（複合甲鉄を主用したもの）			
鎮遠	350㎜	ナワリン	406㎜
		アレキサンドル二世	356㎜
		リューリク、A.ナヒモフ	254㎜
		ドンスコイ、A.モノマフ	152㎜
15隻		25隻	

　こうして比較すると、あまりにも日本側が不利であり、よくもまあ戦いになったものだと思えるのだが、当時の日本海軍の認識も似たようなもので、これらすべてと一時に戦ったのでは勝ち目がないと考えられていた。とりあえず極東にある艦隊と戦ってこれを倒し、味方の損害を最小限にして修理、整備の余裕を残し、来襲するだろうヨーロッパ側の艦隊を迎え

撃たなければならない。そのための陸軍による旅順要塞強襲であり、海軍による旅順口奇襲、湾口閉塞だったわけだ。

結果については明らかであり、両洋のロシア艦隊は合同をなしえず各個に撃破されたので、あらためて述べるべきことは少ない。ただ、装甲という側面からの考察をしてみようというところなのだが、残念ながら沈んでしまった艦では記録が十分ではなく、損害の詳細は多く現場の乗組員でさえ把握しきれないものなので、大半は推測になってしまう。

一般に言われているところでは、日本海軍の使用した砲弾には装甲貫徹力が乏しく、多くの砲弾は命中しても装甲鈑表面で炸裂してしまい、容易に致命傷にはつながらなかったとされる。実際にロシア艦隊には、弾薬庫への直撃弾で爆発、沈没したような艦はなく、かえって日本側の艦のほうが、致命傷になりかねない損傷を受けている。

大規模な砲撃戦が行なわれたのは、一九〇四（明治三十七）年八月十日の海戦（黄海海戦）と数日後の蔚山沖海戦、翌年五月二十七日の日本海海戦だが、黄海海戦では砲撃で沈没した艦はなく、大きな被害を受けて青島《チンタオ》へ遁入し、抑留された『ツェサレヴィチ』にしても、艦そのものが危機に瀕するような損害ではなかった。司令塔近くで炸裂した砲弾のために司令長官が戦死し、艦が一時操縦不能に陥ったため、艦隊が四分五裂してウラジオストックへの脱出がかなわず、大半が旅順港へもどったのである。

蔚山沖では装甲巡洋艦同士が戦い、最も旧式だったロシア巡洋艦『リューリク』が被害の累積から行動能力を失って、撃沈されているものの、より新型の二隻は満身創痍となりながらも脱出に成功し、装甲防御の有効性を立証した。

日本海海戦におけるロシア戦艦の沈没要因の多くは、設計上の問題と積載過多による排水量の増加で、舷側装甲の最も厚い部分がほとんど吃水線以下になり、水面すれすれに命中した砲弾に対する上部装甲帯の抵抗力が十分でなく、破口から浸水をまねいて、さらに重量過大による安定性の不足が転覆へつながったとされる。

旗艦『アレキサンドル三世』のように、大量の命中弾によって上部構造物を残らず打ち倒され、浮かぶ廃墟のようになってもなお抵抗を続けた艦もあったが、多くは大量の浸水によって安定性を失い、転覆している。海戦の初期に左舷艦首吃水線付近に数発の命中弾を受け、乗組員によれば「馬車が通れるほど」の大穴があき、そのまま艦首を突っ込んで動けなくなって沈没した『オスラビア』のような艦もある。

日本軍の用いた下瀬火薬を充塡した砲弾は、装甲鈑に命中した場合は過早に爆発して装甲を突破できなかったとされるが、マストの支索に当たっても爆発したとされるほど信管は鋭敏であり、榴弾の炸裂による破壊効果には絶大なものがあった。

その炸裂によって破壊された非装甲部分に見られる直径一メートル以上もある大穴は、これが吃水線に近い位置だった場合、大量に浸水するだろうことは明白で、さらには前述の『デアフリンガー』のように命中位置の装甲鈑を脱落させる効果もあったと思われる。そうなれば浸水はとめどなくなり、沈没は時間の問題でしかなかっただろう。

比較的損傷の軽かった艦も、上部を薙ぎ払われて小口径砲を多く失い、夜間の水雷攻撃に充分な対処ができなかった。魚雷の命中が致命傷になった艦は多かったが、昼間の戦闘で艦隊がバラバラになり、相互援護ができなくなっていたのと、小砲が破壊されて抵抗力を奪われたことが水雷戦隊の攻撃をより有利にしたといえるので、艦隊戦闘における重砲弾の効果は高く評価されている。

この結果を見たイギリス海軍の第一海軍卿フィッシャー提督は、かねてからの構想に自信を深め、主砲を倍増しつつ、中小口径砲を大幅に省略した、主砲砲戦に特化したともいえる新戦艦を、船台上にあった建造中の戦艦を追い越させてまで急速に現実化させた。戦艦の歴史を区切るドレッドノート革命である。

第五章　ド級戦艦の時代

新戦艦『ドレッドノート』は、主砲は在来艦の二・五倍、片舷砲力は二倍、速力は三ノット増しというもので、それまでの戦艦とほぼ同程度の防御力を持ち、一・五倍ほどの建造費はかかるが二倍以上の戦力になるとされた。いわゆる「弩《ド》級戦艦」は、この『ドレッドノート』の頭文字から作られた言葉である。英語では「dreadnoughts」と複数形に綴られ、これはドイツ語など他のヨーロッパ言語でもほぼ同じである。

この段階では方位盤による全主砲の集中管制射撃は構想段階で、まだ実用化はされていない。また艦型がかなり大きくなったために、収容できるドックが少なく、船台規模の関係から建造できない造船所もあった。そして、これを見た海軍関係者のなかには、必ずしもこれが戦艦の理想形とは考えない人も珍しくなかったのである。

大きく、高価になるということは、数の要素に影響が出るので、当該海面に存在していることが最大の効果を生む「威圧」「反抗の抑止」という海軍最大の存在意義を低減させてし

公試中のイギリス戦艦ドレッドノート。ほぼ常備状態のようだが、主装甲帯の上端はほとんど吃水線にある。

まう。副砲以下の小口径砲を極端に削減してしまったから、作戦に対する柔軟性が失われ、小規模な鎮圧行動にも主砲を振り回さなければならず、無駄なエネルギーが消費される。

なによりも二倍の攻撃力と三ノットの速力差には、それまでに営々と築き上げられてきた艦隊主力の存在を消し飛ばしてしまう威力があり、現存の艦隊が一夜にして過去の旧式艦になってしまうという問題がある。この事実は当のイギリス艦隊にしても同様であり、もし艦隊をド級戦艦で置き換えようとするならば、自分自身の優位を放棄することになるのだ。

もちろん、イギリスが『ドレッドノート』を建造しなかったとしても、三〇・五センチ四門という標準的な戦艦の武装は、早晩倍増されることが間違いなく、すでにアメリカではそうした戦艦が計画されていたのだが、その『サウス・カロライナ』級は主砲を倍増してはいたものの、速力は前級とほとんど変わっておらず、中間砲や副砲を主砲に置き換えただけの存在だった。

それゆえ艦隊に入っても統一行動にはほとんど問題がなかったので、こうした手法、すな

(上)アメリカ戦艦サウス・カロライナ。主装甲帯の上端は吃水線上にあるが、高さは1メートルに満たない。それでも上部装甲帯の厚さが大きいので、防御力は小さくなかった。(下)ドレッドノートの後継ベレロフォン進水時の写真。舷側装甲帯艦首端の形状に注意。装甲鈑そのものはまだ取り付けられていない。

わち攻撃力は倍加しても機動力には多くを求めないという艦隊の存在はありえたわけだ。

実際に『サウス・カロライナ』級は、前級『コネチカット』級と排水量にはほとんど差がないから、コスト的にはそれほど極端に高くはなっていない。しかし、当時のアメリカ海軍は三ノットの劣速を良しとせず、続く『デラウェア』

級を二一ノットで走らせるために二五パーセントほども艦型を拡大し、ド級戦艦競争に加わることになった。

ドイツもこの競争に加わり、彼らの新戦艦はイギリスの量産型ド級戦艦『ベレロフォン』級とともに一九〇九年頃から就役を始め、艦隊中心は急速に置き換わっていく。これ以外のフランス、イタリア、オーストリア、日本は競争に一歩遅れ、最初のド級戦艦が就役するのは一九一一年から一三年頃になった。ロシアはさらに遅れている。

こうしてこの思想が正しいのか否か、研究よりも現実が先行し、海軍は一気にド級戦艦の時代に突入していく。そして一部にあった危惧の示すとおり、不足している補助武装はやはり必要であるということになって、その装備のため、さらに艦型は大きくなり、いっそう高価になっていった。

これらの新型戦艦も、装甲防御の点ではそれまでの艦とほとんど変わりがなく、わずかにドイツだけが、装甲厚を増すとともに水中防御に力を入れていた。別表をご覧いただくと、この頃の各国の趨勢が垣間見えるが、単艦の攻撃力では突出して有力な国がなく、防御力でドイツとアメリカが半歩先へ行っているくらいだ。

ドレッドノート

ここで当時の戦艦防御の詳細を見るために、『ドレッドノート』の詳細を紹介してみよう。

水線装甲帯は最厚部で二七九ミリだが、これは一一インチなので実際は二七九・四ミリで

あり、二八〇ミリと書かれていることもある。【注】

【注・設計図上では装甲鈑の厚みは単位面積あたりの重量で示されており、一般に一インチの厚みの鋼鉄板を重量で表記するときは四〇ポンド（一平方フィートあたりの重量、約一八・一四キログラム）で、一一インチは図面上では「440lbs」（lbsはポンドの表記単位）と表記されている。装甲用の鋼鉄はこれより一パーセントほど比重が大きく、重量のほうを基準とするため、実寸法は一パーセントほど薄かったという。つまり現実の厚みは二七六・六ミリくらいになるわけだ。この部分は他国の状況を確認できていないので、それぞれ実際の厚さがどういうものだったのか、確認は取れていない。この考え方は、現在でも印刷用紙の厚みの単位などに用いられている】

その範囲はけっして広くなく、艦首砲塔の後方から艦尾砲塔の真横くらいまで、長さにしておよそ全長の半分にあたる八〇メートル、高さは甲板一層分ほどの二メートル強でしかない。しかも下端はテーパーして一七八ミリにまで減らされているので、実際に二七九ミリの厚みを持つ部分は高さ一・三メートルほどである。裏側には船体との間に木材による裏打ちがなされているが、あまり厚いものではない。

艦首砲塔下の側面部分は約一〇メートルにわたって二二九ミリすなわち九インチで、内側に弾薬庫のある部分にもかかわらず装甲は薄くなっている。

ド 級 戦 艦

最大速力	主砲	舷側装甲	砲塔前盾	備考
21kt	305mm×10（8）	280mm	280mm	
20.75kt	305mm×10（8）	254mm	280mm	
21kt	305mm×10（8）	254mm	280mm	
21kt	305mm×10	254mm	280mm	
21kt	305mm×10	280mm	280mm	
19.5kt	283mm×12（8）	300mm	280mm	
20.3kt	305mm×12（8）	300mm	300mm	
21kt	305mm×10	350mm	300mm	
19.2kt	305mm×4	270mm	300mm	239mm×12（6）
20kt	305mm×12（10）	270mm	320mm	
18.5kt	305mm×8	254mm	305mm	
21kt	305mm×10	280mm	305mm	
20.75kt	305mm×10	280mm	305mm	
20.5kt	305mm×12	280mm	305mm	
20kt	305mm×12（8）	305mm	280mm	45、50口径混載
22.83kt	305mm×12	254mm	254mm	三連装砲塔
21.5kt	305mm×13	254mm	254mm	一部三連装砲塔
20.3kt	305mm×12	280mm	280mm	三連装砲塔
23kt	305mm×12	229mm	203mm	三連装砲塔
21kt	305mm×12（10）	229mm	305mm	
19.5kt	305mm×8	229mm	254mm	

（ ）内は片舷砲数

初　期　の

国籍	級名	同型艦数	就役年	常備排水量
イギリス	ドレッドノート	1	1906	18110t
	ベレロフォン	3	1909	18800t
	セント・ヴィンセント	3	1909	19560t
	ネプチューン	1	1911	19680t
	コロッサス	2	1911	20225t
ドイツ	ヴェストファーレン	4	1909	18570t
	ヘルゴラント	4	1911	22440t
	カイザー	5	1912	24330t
フランス	ダントン	6	1909	18318t
	クールベ	4	1910	22189t
アメリカ	サウス・カロライナ	2	1910	16000t
	デラウェア	2	1910	20380t
	フロリダ	2	1911	21825t
	ワイオミング	2	1912	26000t
日本	河内	2	1912	20823t
イタリア	ダンテ・アリギエリ	1	1913	19552t
	ジュリオ・チェザーレ	3	1914	22992t
オーストリア	テゲトフ	4	1913	20013t
ロシア	ガングート	4	1914	23360t
ブラジル	ミーナ・ジェライス	2	1910	19281t
スペイン	エスパーニャ	3	1913	15452t

これは、前部弾薬庫そのものが五一ミリ（二インチ）の装甲鈑で構成されており、水雷防御隔壁の役割も持たされているためだ。すなわちやや薄めの装甲で敵弾と均衡するだけでも、飛んでくるだろう装甲鈑の破片などは弾薬庫側面の五一ミリ装甲で食い止められるというわけで、水雷防御隔壁分の重量を節約している。弾薬庫の側面区画は、巡洋戦艦では薄弱な装甲を補うために予備炭庫とされて防御力の一部を担っていたが、本艦では食料などの倉庫であり、空間が確保されているに過ぎない。

水線装甲帯の上には、ほぼ同じ長さにわたって高さ二メートル強、厚さ二〇三ミリ（八インチ）の上部装甲帯があるけれども、舷側砲塔のバーベット側面だけは二七九ミリの厚さとされた。これらの末端から艦首側には、二つの装甲帯を包含した高さで艦首先端まで、一五二ミリ（六インチ）の装甲を張っている。その艦首端下部は、ちょうど衝角を補強するように下へ延長されており、内側にある甲板装甲と組み合わさって艦首を強化している。

『ドレッドノート』は、艦首の衝角を廃止した戦艦としても知られているのだが、こうした詳細な構造を見ると、衝角はまったく忘れ去られたわけではなく、そのための準備構造は生き残っていることがわかる。確かに直前の『ロード・ネルソン』級までに見られたような鋭角的な衝角はなくなっているのだが、おそらくはぶつけることを前提にしていた艦首の強化構造まで、設計をやりなおすには時間がなかったのではないかと思われる。

同じイギリスで建造され、立派な衝角を持っている日本海軍の『三笠』と比較しても、艦首構造はとくに軽量化されている様子がない。また、衝角は艦の正式な武器としての装備であるので、廃止されたのは武器としての考え方だけだったのかもしれない。運用を正式に廃止すれば訓練項目は省けるし、そのための準備もいらなくなる。もちろん、衝突は事故としても起こり得るので、対策が必要なくなるわけではないが。

実際に『ドレッドノート』は第一次大戦での艦隊運動中、近距離にドイツ潜水艦『U二九』の潜望鏡を発見し、これを衝撃して撃沈しているが、そのまま艦隊に残っており、以後の行動でも緊急に入渠修理を行なったような記録はない。排水量数百トンの小さな潜水艦とはいえ、耐圧構造の頑丈な船体を持っているのだから、艦首材が曲がるくらいの損傷はあっても不思議ではない。つまりは、それだけ強度のある艦首構造をしていたということなのだろう。

この後の艦の艦首構造では、舷側装甲末端の形状が艦首材を補強しなくなるのは二年後の『セント・ヴィンセント』級からのようで、艦首の前下がりになっていた防御甲板も廃止され、代わりに装甲横隔壁で閉ざされている。さらに二年後の『コロッサス』級からは、舷側装甲も艦首まで連続しなくなった。

目を後部へ転じてみると、『ドレッドノート』の舷側装甲帯は後部砲塔のバーベット中心付近で終了し、上部装甲帯はここからバーベットへ向かって中心線から六〇度くらいの角度を持つ装甲横隔壁となり、バーベット後部へ接線状に接続している。その厚みは二〇三ミリのままで、二七九ミリのバーベットへ連結しているのだ。その内側のバーベットは、大幅に薄くなっている。

ドレッドノートの艦尾。吃水線付近にある装甲鈑上端は、102ミリ装甲帯のもので、主装甲帯上端は完全に水没している。公試時と比べて、かなり吃水が増えている。

下半分の主装甲帯はそのまま艦尾まで、厚さを一〇二ミリ（四インチ）に減じて連続している。高さは上部装甲帯の半分ほどを加えていて、艦尾端まで変化はない。写真に見られる艦尾下段の舷窓列は、この装甲鈑の直上に位置している。これらから見てわかることは、本艦の主装甲帯は、ほとんどが水没しているという事実である。標準状態（燃料石炭を九〇〇トン、全量の三分の一程度しか積んでいない）でも吃水線上には六〇センチほどの高さしかなく、満載状態では頂部が吃水線下三〇センチに位置し、薄い上部装甲しか防御の役に立っていなかったとされる。

また、後部砲塔の弾薬庫側面は、真横から見たときでもこの装甲の薄い部分にかかっているのだが、弾薬庫そのものは前部砲塔と同様に五一ミリ（二インチ）の装甲鈑で形成されているだけであり、合算しても一五二ミリの厚さにしかならない部分があって弱点になっている。

甲板装甲は、防御甲板を主装甲帯上端とほぼ同じ高さに置き、平坦部で四四ミリ（一・七五インチ）の厚さがあって、舷側では斜め下へ折り曲げられ、主装甲帯の下端付近へ接続する傾斜部では七〇ミリ（二・七五インチ）の厚さとされている。

この装甲甲板は、艦首尾では一段低い位置に置かれた平坦なものとなり、艦首端では前述のように艦首材突端を補強するように緩やかに下へ曲げられていて、艦尾では舵機室を防御するために複雑な凹凸を持たされている。厚みは三八ミリ（一・五インチ）から七六ミリ（三インチ）で、下部船体のすべてを覆っていた。

吃水線下での防御は、一部に対水雷用の防御縦壁を持っているものの、これが存在するのは弾薬庫側面だけで、直接弾薬庫を形成する壁の一部であり、厚さは五一ミリ、材質は通常の鋼鉄である。舷側砲塔直下の弾薬庫部分では一〇二ミリの厚さを持つが、この部分では砲塔の下部構造が外板に近く、充分な空間が得られないために狭い隙間へ厚い装甲鈑を無理に押し込んだような構造をしている。それゆえ厚さの割には防御能力が低く、数字だけを鵜呑みにはできない。機関部では側面に設けられた炭庫と空所だけが防御であり、この辺はドイツ艦に比べて劣っているところだ。

主砲塔はマークBⅧと呼ばれる形式で、三〇・五センチ四五口径砲を連装で装備し、最大一三・五度の仰角と五度の俯角を持たせられる。名称は艦首中心線のものがA砲塔、艦橋後方両舷に並列装備されたものの左舷側がP砲塔、右舷側がQ砲塔、中部砲塔がX砲塔、艦尾のものがY砲塔である。

そのバーベット装甲は、最も厚い部分で二七九ミリとされ、船体内部や構造物の陰になる部分では、二〇三ミリ程度に薄くされている。これは装甲帯や甲板装甲の陰になる部分ではさらに薄くなっており、最も薄い場所では一〇二ミリでしかない。

この「陰になる」という表現は曲者で、実際に陰になるかは見る角度によって変わってくるから、砲戦距離が伸びて砲弾の落角が大きくなると、厚い舷側装甲の陰になっていたはずの部分が薄い甲板装甲の背後になってしまい、甲板装甲は落角の大きくなった砲弾を跳ね返しきれなくなって突破を許し、薄いバーベット装甲では砲弾を食い止められなくなっていく。これを防ぐための甲板装甲の増厚は非常な重量を要する問題であり、主にこのことが、第一次大戦後の戦艦を急速に大型化させようとした原因である。

『ドレッドノート』の舷側砲塔では、バーベット装甲を舷側装甲よりはみ出した形に装着しているが、張り出し量は四〇センチほどで、バーベット装甲の厚みよりやや大きいくらいだ。この張り出しにより、主砲塔から艦首尾中心線方向への射界が確保され、全方向への二倍以上の火力集中を可能にしている。艦首正面には左右二度の範囲で六門の集中が可能だが、こうした限界的発砲を行なうと、衝撃波や爆風のために射線近くの装備品が壊れるなどの弊害があった。司令塔も相当に危険な場所になる。

主砲塔の砲室は、前章で触れたようにほぼバーベットと同じ厚さの正面装甲を施されていて、側面も同じ二七九ミリの厚さを持つクルップ甲鉄である。この当時はまだ、クルップ甲鉄の加工が大きな曲面に対しては施せなかったので、砲室平面は多角形をしており、装甲鈑同士はキーと呼ばれる鼓形断面の鋼鉄の棒によって強度連続を図られている。

面白いのは砲室後面の装甲鈑で、やはりクルップ甲鉄だが厚みは三三〇ミリ（一三インチ）もある。砲弾が最も当たらないはずの背面側が最も厚いという奇妙な配置なのだが、これは装甲鈑が砲室の重量バランスを取るためのカウンターウエイトの役目も持っているからで、それでも重量が足らず、この装甲鈑は四〇センチほど下へ垂れ下がるように延長されている。もちろんこの部分は、防御にはほとんど寄与しない。

『ドレッドノート』では主砲塔の背負い式配置が採用されなかったため、砲室天蓋の形状はそれまでの砲塔とほぼ同じで、前方が最も低く、後尾へ向かって等勾配で高くなっていて、最後尾が最も高い。これは本来、主砲の俯角射撃を妨げないための形状だから、砲尾より後方では高さを増す必要性は乏しい。実際に背負い式配置の艦では、上部砲塔を必要以上の高さに上げないため、砲室後部の天蓋は水平に造られている。これももしかしたら、後壁の重量を増す必要があったためとも考えられるところだ。一見無駄なようだが、これをなくすためにはバーベットの直径を増す改設計が必要であり、そのために重くなる分との比較や、建造を急ぐ時間的制約からこうなったのだろう。

円形のローラー・パス上を転がる、テーパーしたローラーによって砲塔旋回部の重量を支えるイギリス式の砲塔は、かなり傾斜に敏感であり、ある程度以上傾くと旋回できなくなる。これは旋回部の重量バランスにも影響を受けるので、あまり気楽に構造を変更できないのだ。日本軍艦も技術導入の関係から基本的に同じ仕組みを取り入れており、傾斜には弱かったようだ。

砲室天蓋の厚さは七六ミリで全体に均一だが、材質はクルップ鋼ながら表面硬化されていない均質鋼板で、これは砲弾の破砕より、浅い角度で当たる砲弾を跳ね返す目的で弾性を重視したためである。艦内の甲板装甲も同様の材質だった。天蓋前部には三ヵ所の観測孔があり、フードをかぶせられているものの防御の弱点になっている。また、跳ね返すといっても一時的な変形は避けられず、天蓋裏に導設された配管類などは命中弾によって叩き落とされることがあり、機能の喪失につながる場合もある。

副武装は大幅に縮小されており、わずかに口径七六ミリの人力で操作される単装砲を二七門積んでいるだけだ。それも防御された区画にあるものは一門もなく、大半は露天装備である。左右対称装備なのに二七という奇数であるのは不自然だが、これは本来、艦橋構造物内に一二門、艦首尾の露天甲板に四門ずつ、中心線上の主砲塔天蓋上に各一門、舷側砲塔上に各二門で、合計二七門になる。艦首尾露天甲板上の砲は着脱式で、普段は近辺の甲板上に分解格納されているが、砲身だけで一トンほどもあるものを人力で運用するのが難しく、主砲の発砲爆風で壊れることもあったため、このうち三門を主砲塔上の空いていた装備位置へ移動したので、各砲塔上に二門ずつ配置されるようになった。

この主砲塔上の七六ミリ砲には主砲砲身とのリンクが用意されており、同一の仰角が取れるようになっていて、訓練などに使用された。人員の行き来や砲弾の補給は、天蓋最後部にあるハッチから行なわれる。砲周辺には満足な足場もないため、実戦での運用は難しかったのだろう、後にはそのすべてが撤去されてしまう。その代替として装備されたのは艦尾露天甲板上の少数の七六ミリ高角砲でしかなく、本艦の特性上、副武装の強化はほとんど不可能だった。

これ以外の防御は二七九ミリの装甲を持つ司令塔にあるだけで、航海艦橋はその直上に配置されているものの簡素な構造のため、被害があると倒壊しかねないと考えられていた。艦橋構造物は小さく、直後に第一煙突が聳え立っているが、これはさらにその背後にある、逆向きの三脚前檣との間に充分な余積がないためで、それゆえ檣上の観測所は排煙の中に置かれ、非常な悪評を買った。

この問題はこの後の戦艦や巡洋戦艦でもくり返されて、そのつど悪評の根源となっているし、一部では実用に耐えないとして配置を変更する改装工事まで行なわれている。くり返された主たる理由は、ボート・デリックの支柱をマストと兼用するためだけともいえ、若干の上部重量削減につながるものではあれ、イギリス海軍がこだわり続けた理由は定かではない。

本艦では上部重量を軽減するために、主檣は極端に軽構造な小さなものになっている。このために後部の指揮所は位置が低く、造りも簡素で装甲司令塔はない。第二煙突の前に二〇三ミリの装甲を持つ司令塔があるけれども、資料では「信号塔」となっており、旗艦用の司令部艦橋とはあつかわれていないが、ここにも操舵装置はあった。いずれの司令塔にも真下の艦内への装甲された交通筒が付属している。これ以外には煙路の立ち上がり部分に、薄いコーミング・アーマーがあった程度だ。

『ドレッドノート』の装甲は、副砲砲廓をまったく欠いているという以外では、ほぼ当時の標準的なものであるがやや弱く、標準型戦艦の時代から見れば、無防御区画が大きくなっている印象が強い。これはド級戦艦が、巡洋艦としての要素を兼ね備えるようになった戦艦という見解と一致しているように思われる。また本艦は後続艦と比べて大きさを抑えるためか、とくに防御には脆弱点が多く、第一次大戦後期に旧式艦あつかいを受けていたのには、単に古いというだけではなく、それなりに理由があったように思われる。

新型戦艦がさらに強化され、三〇・五センチ砲を一二門積むようになるのは、もう大戦が目前に迫った頃で、イギリスはここで三四・三センチ（一三・五インチ）砲へとステップアップし、数ではなく一発の威力で優越しようとした。アメリカはこれに倣って三五・六センチ（一四インチ）砲を実用化していく。ドイツはなお三〇・五センチ砲に固執したが、日本はド級戦艦の整備を『河内』級だけで終わらせ、アメリカと同じ三五・六センチ砲へと向かっていった。これらは超弩級戦艦と呼ばれ、英語ではsuper-dreadnoughtsである。その過程をもうひとつの表（次の見開き）にしてみよう。

超弩級戦艦はどの国でもかなり大型化しており、排水量は一万五〇〇〇トン程度だった標準型戦艦のほとんど二倍に達している。これは決して歓迎できない現象だったのだが、攻防走の三要素をバランスよく取り入れた存在を、バランスのとれたまま強化しようとすれば、大きくなってしまうというほとんど必然的な結果を受け入れなければならない。よほどの技術革新がなければ、軽くはならないのだ。

そしてイギリスでは、せっかくバランスした要素を意図的に壊し、速力を突出させてその代わりに防御力を軽減した巡洋戦艦という新しい艦種が生み出された。そもそもは装甲巡洋艦であり、それ以前からの装甲巡洋艦が進化的行き詰まりの淵にあったところから、一足飛びに戦艦並みの強力な兵装を持たされたものである。

速力性能も大幅にアップしたが、代償になったのは防御力で、自分の装備する砲に対しての安全な戦闘距離が存在しないという、非常に危うい艦であった。

この欠点は大戦中に、三隻の巡洋戦艦が弾薬庫の誘爆によって爆沈するという結果で咎められ、以後は防御力を強化する方向へ向かったのだが、ここにはひとつ、あまり語られない要素も隠れている。

錬鉄の装甲鈑に鋼鉄を重ねるようになった複合甲鉄から、ハーヴェイ甲鉄、クルップ甲鉄と、三〇年にも満たない期間に次々と画期的な新技術が生み出されて、装甲鈑は半分以下の厚さで足りるようになっていた時代である。さらに一〇年が経過した一九一〇年代に、次の新装甲が生み出される可能性は誰にも否定できなかったのだ。実際にいろいろな着想はあり、実現に向けて試作、テストが続けられていたものもある。例えば装甲鈑を目の細かい格子状に造り、砲弾を食い止めつつ重量を軽減しようとするようなものだ。

結局は、前述した質量のもたらす効果を代替する方法がなく、どんな硬さに造ったところである程度の重量は必要不可欠であると認識された。結局、クルップ甲鉄を大きく上回る耐弾力を持った装甲鈑は実用化されなかったが、そうした新技術が現実化すれば、高速力、大攻撃力で、かつ十分な防御を持った戦艦も夢とは思われなかったのだろう。

超ド級戦艦

最大速力	主砲	舷側装甲	砲塔装甲	備考
21kt	343㎜×10	305㎜	280㎜	
21kt	343㎜×10	305㎜	280㎜	
21.25kt	343㎜×10	305㎜	280㎜	
24kt	381㎜×8	330㎜	330㎜	
23kt	381㎜×8	330㎜	330㎜	
21kt	305㎜×10	350㎜	300㎜	
21kt	380㎜×8	350㎜	350㎜	
26.5kt	305㎜×8	300㎜	270㎜	大型巡洋艦
20kt	340㎜×10	250㎜	400㎜	
21kt	340㎜×12	300㎜	340㎜	四連装砲塔
21kt	356㎜×10	305㎜	356㎜	
20.5kt	356㎜×10	343㎜	457㎜	一部三連装砲塔
21kt	356㎜×12	343㎜	457㎜	三連装砲塔
21kt	356㎜×12	343㎜	457㎜	三連装砲塔
21kt	356㎜×12	343㎜	457㎜	三連装砲塔
22.5kt	356㎜×12	305㎜	280㎜	
23kt	356㎜×12	305㎜	305㎜	
21kt	305㎜×13	250㎜	280㎜	一部三連装砲塔
28kt	381㎜×8	300㎜	400㎜	四連装砲塔
21kt	305㎜×12	267㎜	305㎜	三連装砲塔
22kt	305㎜×14	229㎜	305㎜	イギリス製、接収
22.5kt	305㎜×12	229㎜	305㎜	アメリカ製
22.75kt	356㎜×10	229㎜	254㎜	イギリス製、接収
21kt	343㎜×10	305㎜	280㎜	イギリス製、接収

初　期　の

国籍	級名	同型艦数	就役年	常備排水量
イギリス	オライオン	4	1912	22200t
	K・ジョージ五世	4	1913	23000t
	アイアン・デューク	4	1914	25000t
	Q・エリザベス	5+1	1915	27500t
	ロイアル・ソヴリン	5+2	1916	28000t
ドイツ	ケーニッヒ	4	1914	25800t
	バイエルン	2+2	1916	28600t
	デアフリンガー	3	1914	26600t
フランス	ブルターニュ	3	1916	23230t
	ノルマンディ	0+5	未成	25000t
アメリカ	ニュー・ヨーク	2	1914	27000t
	ネヴァダ	2	1916	27500t
	ペンシルヴァニア	2	1916	31400t
	ニュー・メキシコ	3	1918	32000t
	テネシー	2	1920	32300t
日本	扶桑	2	1915	29330t
	伊勢	2	1917	29900t
イタリア	カイオ・デュイリオ	2	1915	22964t
	カラッチョロ	0+4	未成	34000t
ロシア	I・マリア	3	1915	22600t
ブラジル	リオ・デ・ジャネイロ	1*	1914	27500t
アルゼンチン	リヴァダヴィア	2	1915	27940t
チリ	A・ラトーレ	1+1*	1915	28600t
トルコ	レシャディエ	1*	1914	22780t

実際に一八七〇年の『デヴァステーション』から一九〇六年の『ドレッドノート』を見れば、二倍に満たない排水量で攻撃力は二倍をはるかに超え、速力は実力で五割増し、おそらくは防御力も上回っている。航洋性は比較にならず、確かにこれは夢の戦艦だったのだ。

第一次世界大戦

大戦を迎え、これらの装甲をまとった大型軍艦は、さまざまな形態の厳しい戦いに巻き込まれていく。海上での戦いは列挙しきれないほどの数になるが、新式装甲の能力が問題になるような戦いは限られていて、以下のような例が挙げられる。

・コロネル沖海戦
・フォークランド沖海戦
・サリチの戦い
・ドッガーバンク海戦
・ジュットランド海戦

これらについて、それぞれ装甲の面からの若干の考察を試みてみよう。なお、ドイツでは装甲巡洋艦と巡洋戦艦を「大型巡洋艦」と呼び、軽巡洋艦を「小型巡洋艦」と呼んでいるが、煩雑になるのでここではイギリス式の呼称に統一している。

コロネル沖海戦、フォークランド沖海戦

コロネル沖海戦は、中国の青島基地から脱出したドイツ太平洋艦隊が一九一四年十一月一日、太平洋南東部チリ沿岸でイギリス艦隊と遭遇し、発生したものだ。

イギリス側はやや旧式な装甲巡洋艦二隻、軽巡洋艦、仮装巡洋艦の四隻で、ドイツ側は新型装甲巡洋艦二隻、軽巡洋艦三隻だったから、ドイツ側がいくらか有利である。夕方から夜にわたる戦闘ではイギリスの装甲巡洋艦二隻が撃沈されている。ドイツ側の損害は軽微だった。

イギリス巡洋戦艦インヴィンシブル。

フォークランド沖海戦は、そのほぼ一ヵ月後の十二月八日、南大西洋の英領フォークランド諸島近海で、コロネル沖海戦の復仇のために送られたイギリスの巡洋戦艦隊が、ドイツ艦隊を捉えてほとんど全滅させた戦いである。こちらの戦いでは戦力差が非常に大きく、ドイツ側には勝ち目がなかった。

いずれの戦いでも、敗れた側の装甲艦が沈没してしまっており、沈没した合計四隻の装甲巡洋艦のうち三隻までの乗組員が全員戦死しているため被害の実情がわからず、装甲の実力評価という面では資料になりにくい。とくに後者では二一センチ砲装備の装甲巡洋艦が、三〇・

五センチ砲で撃たれたのだから装甲がどうこういうような状況ではなく、撃沈されるのもやむなしとしか言えない。

イギリスの巡洋戦艦も、旗艦『インヴィンシブル』には二〇発以上の砲弾が命中しているものの、二一センチ砲弾では薄いとされている装甲でも突破できず、大きな機能喪失も戦死者もなかった。最も危険だったのは、装甲巡洋艦『ケント』の中央部一五センチ砲砲廓に命中した一〇・五センチ砲弾で、装甲は突破されなかったが炸裂炎が即応弾薬の誘爆を呼び、戦死六名、負傷一二名という大きな被害を出している。

サリチの戦い

一九一四年十一月十八日に起きたサリチの戦いは、あまり有名な海戦ではなく、規模も大きくはない。戦ったのは開戦時に地中海にあり、ダーダネルス海峡を抜けてトルコへ入った元ドイツ巡洋戦艦『ゲーベン』で、このときにはトルコ海軍に所属し『ヤウズ・スルタン・セリム』と名を改めているが、実態はドイツ海軍所属のままであり、ここでは旧名で呼ぶ。

戦った相手はロシア黒海艦隊の準ド級戦艦を主力とする艦隊で、戦艦五隻、軽巡洋艦三隻、駆逐艦多数からなる、ほぼ黒海艦隊の全力である。ドイツ側は軽巡洋艦一隻が付属していただけだ。

戦闘はドイツ側にとっては予期されたものではなく、濃霧のために発生した偶発的な戦闘といえる。しかしロシア側には期するところがあり、たまたまの霧のいたずらで発見はロシア側が早かったため、初期には一方的な攻撃になっている。当初ドイツ側からはロシア艦隊がほとんど見えていなかった。距離は六〇〇〇メートル台である。

ロシア戦艦の放った初弾が『ゲーベン』の副砲砲廓に命中し、その一五〇ミリの装甲表面で爆発、装甲は吹き抜けて副砲一門の要員が全滅している。即応弾薬の誘爆も起こったのだが、ロシア側がこの誘爆の爆炎を自分たちの砲弾の命中と勘違いしたため、以後の射撃指揮はメチャクチャになり、ほかに命中弾は発生しなかった。

『ゲーベン』は直ちに反撃し、ロシア側の旗艦『スウィアトイ・エフスタフィ』に四発の命中弾があった。そのうちの一発は、右舷中部の副砲砲廓に命中して厚さ一二七ミリのクルップ甲鉄を貫通し、反対側の左舷砲廓内で炸裂している。この砲弾は装甲鈑を綺麗に貫通、いわゆる正貫しており、そのまま約二〇メートル進んで反対舷で爆発した。

同時にもう一発が、やはり副砲砲廓に命中しており、こちらでは砲門の天井付近、二枚の装甲鈑の継ぎ目に命中していて、装甲鈑はどちらもが破損し、砲弾はその場で炸裂している。艦首寄り水線装甲帯の一七八ミリ装甲に命中した砲弾は、貫通できずに装甲表面で爆発したようだ。もう一発は第二煙突を貫通している。

これらの命中弾による人的被害は、戦死者が士官五名、下士官兵二九名で、二四名が負傷した。『ゲーベン』側の戦死者は一三名だった。

この結果から、この距離でのドイツの二八三ミリ砲弾は、一七八ミリのクルップ装甲鈑とほぼ均衡しているように見える。一二七ミリではまったく阻止できておらず、一五二ミリで

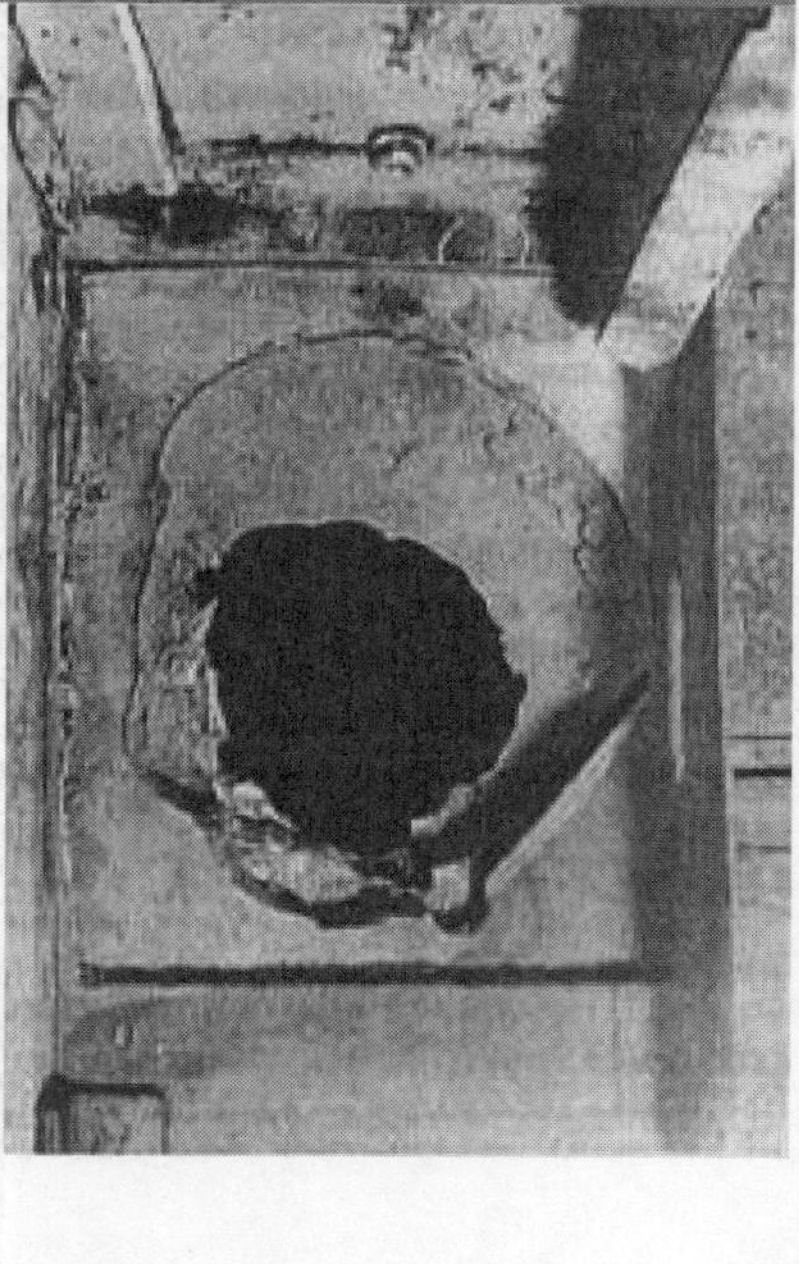

(上)ドイツ巡洋戦艦ゲーベン。主マストにトルコ旗が掲げられている。(下)ロシア戦艦スウィアトイ・エフスタフィの127ミリ装甲鈑を砲弾が貫通した穴。

も心もとないといえるだろう。

この両者による対戦は、一九一六年七月にもう一度発生しているが、このときには『ゲーベン』の艦首に一発の命中弾があっただけで、物別れに終わっている。

ドッガーバンク海戦

一九一六年一月に北海中部で起きたこの海戦では、イギリス側が巡洋戦艦五隻、ドイツ側が巡洋戦艦三隻、装甲巡洋艦一隻の主戦力で、ともに軽巡洋艦や駆逐艦を伴っていたが、戦闘は逃げるドイツ艦隊をイギリス艦隊が全速力で追撃し、大遠距離射撃で戦われたため、中小艦艇にはあまり活躍の場がなかった。

イギリス側は旗艦『ライオン』が行動能力を失って被曳航帰還し、ドイツ側は装甲巡洋艦『ブリュッヒェル』を撃沈され、旗艦『ザイドリッツ』が後部二砲塔を全損するという被害を受けている。

斜め後方からの追撃戦であったため、舷側への命中弾は角度が浅くなって装甲を貫通するような威力を発揮できていない。それでも『ライオン』では命中弾の衝撃と至近弾であちこちに浸水があり、発電機関係が海水をかぶって電力が失われ、缶水に海水が混じったためにタービンを止めたので、全艦真っ暗行動力なしという状態に陥り、追撃できなくなった。

二番目にいた『タイガー』は、完熟訓練未了で充分な能力が発揮できなかったけれども、数発の命中弾はいずれも大きな被害につながっていない。舷側装甲帯には三発が命中したものの、角度が浅くて装甲は突破されなかった。

一方のドイツ側では、『ザイドリッツ』の後部上甲板に命中弾があり、この三四センチ砲弾は最後尾砲塔のバーベット装甲に食い込んだところで爆発している。砲弾は砲塔内に侵入しなかったが、装甲の焼けた破片が換装室内に飛び散り、用意されていた砲弾薬に引火、次々に誘爆が始まった。

爆炎は揚弾筒から下部の弾薬操作室におよび、これを見た乗組員は隣接した砲塔への交通路のハッチを開いて飛び込んだが、その瞬間に新たな誘爆が起こり、火焔は交通路にいた乗組員を押し包んで隣接砲塔へ突入、こちらでも砲弾薬を誘爆させて、二砲塔の乗組員一五〇名ほどが戦死している。

両砲塔の弾薬庫に注水するなどしたため、『ザイドリッツ』の艦尾は大きく沈み、後続艦ばかりか追跡するイギリス艦からも、主砲塔の開口部から弾薬の誘爆する火柱の噴出するさまがくり返し見られたとされる。合計でおよそ六トンの装薬が燃焼し、砲塔内部は残らず焼き尽くされた。誘爆が緩慢に進んだので隔壁は破壊されず、弾薬庫の誘爆をまぬかれたため爆沈には至らなかったのだが、ドイツ海軍は事態を重く見て交通路を閉鎖し、揚弾筒に防炎扉を追加するなどの対策を講じている。

ドッガーバンク海戦で転覆、沈没するブリュッヒェル。

撃沈された装甲巡洋艦『ブリュッヒェル』は、上甲板に命中した三四センチ砲弾の爆発が弾薬通路へおよんだため、通路に並べられていた二一センチ砲の装薬が次々に誘爆、その煙が機関部へ入って速力が低下し、捕捉されてしまったものである。追いつかれてからはほとんどめった打ちだった。

この艦の中部両舷にある四砲塔は、艦底の集中弾薬庫から防御甲板直下へのリフトを共用しており、弾薬はここから前後方向の通路へ、さらに両舷への枝通路へと水平移動される方式だったので、ここにズラリと準備弾薬が並んでいたのだ。ちなみに前後砲塔は専用弾薬庫を持っている。防御甲板の厚さは三〇ミリあったが、大遠距離からの三四センチ砲弾には抗しきれなかったようだ。この厚みは後の巡洋戦艦でも同じなので、弱点としては同様なのだが、さすがに二八センチ級の砲弾を水平通路で移動しようとはしていないので、甲板を破られても弾薬の誘爆には直結しにくい。

イギリス巡洋戦艦ライオン。第二砲塔の俯仰軸は、標準吃水線上ほとんど13メートルに達する高さにある。

『ザイドリッツ』が後部二砲塔を失ったことから危機感を覚えたヒッパー司令官が、列艦の射撃を『ライオン』に集中することでこれを撃破し、追撃の足を止めようとした。結果的に彼のもくろみどおりになったので、この判断は正しかったと評価されている。以下に『ライオン』の被害状況のなかで、主要な装甲に関係した事例の詳細を列記してみよう。

『ブリュッヒェル』の二一センチ砲弾は、一発だけが『ライオン』のA砲塔の天蓋に命中しており、天蓋が凹んで、左砲が二時間ほど使用不能となった。

『モルトケ』から射程およそ一万六五〇〇メートルで発射された二八センチ砲弾は、船体手前の海面に落ち、跳弾となって後部満載吃水線上の一二七ミリ舷側装甲を貫通した。六〇センチ×四五センチの穴が開き、さらに一〇センチ砲弾火薬庫への通風筒を貫通している。

おそらく砲弾は海面で反跳したときに姿勢を崩しており、不規則な角度で当たったために命中の衝撃で破砕し、炸裂しなかったが、弾片のひとつは弾火薬庫内へ落下した。砲弾の主体はさらに装甲された主甲板にあたり、跳ね返されてこの甲板上に転がっている。このため後部の低電圧配電盤室に浸水し、三基の発電機のうち二基がショートして停止した。

『ザイドリッツ』からも射程一万四六〇〇メートルで発射された二八センチ砲弾二発が、同時に命中している。非常に大きな衝撃があり、当初魚雷が命中したのではないかと疑われたほどだった。

一発は前部砲塔付近の一二七ミリ舷側装甲帯、主甲板直下に命中。七五センチ×六〇センチの装甲鈑を吹き飛ばし、一・八メートルほど前進して炸裂した。隣の区画は魚雷筐体の格納室であり、この部屋も大損害をこうむっている。浸水はこの二部屋と直下の左舷水中発射管室、錨鎖庫、キャプスタン機械室に広がっている。キャプスタン駆動用蒸気の戻り管が傷つき、ここから補機コンデンサーに海水が侵入、これが主機関へ拡大して、最終的に右舷機を停止せざるを得なくなる原因となった。

もう一発はこれのすぐ後方、常備吃水線の下一メートルほどのところへ命中。一五二ミリ舷側装甲の表面で爆発した。この装甲鈑は六〇センチほど押しこまれ、長さ一二メートル、高さ二メートルほどの範囲に浸水が発生した。防御甲板傾斜部にも損傷がおよび、最前部の下部炭庫に浸水している。

さらに『ザイドリッツ』からはこの数分後、二発が同時に左舷中央部へ命中し、上部構造物にかなりの被害が発生している。一発は一五二ミリの装甲帯、上甲板直下の高さに命中、これを貫通して炸裂した。もう一発は一五二ミリ装甲鈑と二二九ミリ装甲鈑の継ぎ目に命中、貫通して主甲板上で爆発した。

おそらく『デアフリンガー』からと思われる砲弾が、後部機関室横の二二九ミリ装甲帯、満載吃水線直下へ命中。鈑面で爆発して、長さ五メートル、高さ一・七メートルの装甲鈑を六〇センチほど押しこんだ。付近の船体構造も損傷し、左舷の缶水タンクに開口ができてしまった。予備缶水に海水が入ったものの、すぐにバルブが閉じられたので機関室への浸水はまぬかれている。

これらの被害で左舷機は停止し、炭庫のいくつかにも浸水したため、『ライオン』は左に一〇度ほど傾斜して、速力も一五ノットに低下した。既浸水個所の海水面が上昇したことから、さらなる電路の短絡が起こり、最後の発電機も停止してしまう。これによって『ライオン』は全電力を喪失、戦闘能力を失った。

ビーティ司令官を移乗させた『ライオン』は、片舷運転で低速力のまま本国帰還をめざしたが、途中で缶水への海水混入から全機関を停止することになり、巡洋戦艦『インドミタブル』に曳航されて翌々日朝にスコットランドへ帰り着いている。

ドイツ主力艦隊が出撃しなかったため根拠地へもどれたが、脅威が接近してきたらそれどころではなかったはずなので、乗組員を回収して自沈させたか、破損を覚悟の上でむりやりタービンを回し、安全地帯まで逃げ帰ったかしただろう。ちなみに、もし海水の混じった缶水でタービンを回せば、析出した塩などの固形物がタービンの内部を破壊してしまう。そうなれば造船所に同型のタービンの在庫などあるわけもないから、代わりのタービンが完成するまで艦は動けないし、これを付け外しするには大工事が必要になるのだ。

修理では、二〇枚の装甲鈑が背後の構造修理のために取り外されている。うち五枚は損傷のため取り替えを余儀なくされたという。

これらの被害は、それなりに深刻なものだったのだが、イギリス海軍では事態をあまり重要視せず、被害拡大を阻止するような装備の追加はなされなかった。そして一九一六年、北海東部で二つの大艦隊による、戦艦同士としては最大規模の海戦が戦われることになった。

第六章　ジュットランド海戦

一九一六年五月三十一日、イギリス海軍のグランド・フリートとドイツ海軍の高海艦隊は、それぞれに大量の軽艦艇を伴って、北海東部に激突した。戦艦史上最大の海戦とされるジュットランド海戦である。なおこの海戦は、イギリス側ではジャットランド海戦、ドイツ側ではスカゲラック海戦と呼ばれ、戦場がデンマークのユトラント半島沖だったことから、ユトラント海戦と呼ばれることもある。ジュットランド海戦という呼び名は日本独特のものだが、長く定着した呼称でもある。

海戦の詳細については、それだけでゆうに一冊の本が書けるほどの内容になるので、ここでは簡単に触れるだけにする。戦術運動の可否などには、とくに必要でない限り言及しない。

イギリス艦隊は、大きく二つに分けた艦隊構成をしており、ひとつはグランド・フリート司令長官ジェリコー大将の率いる主力艦隊で、二四隻の戦艦、三隻の巡洋戦艦、八隻の装甲巡洋艦、軽巡洋艦、駆逐艦からなる。これはスカパ・フローなどを出撃して北海東部の会合

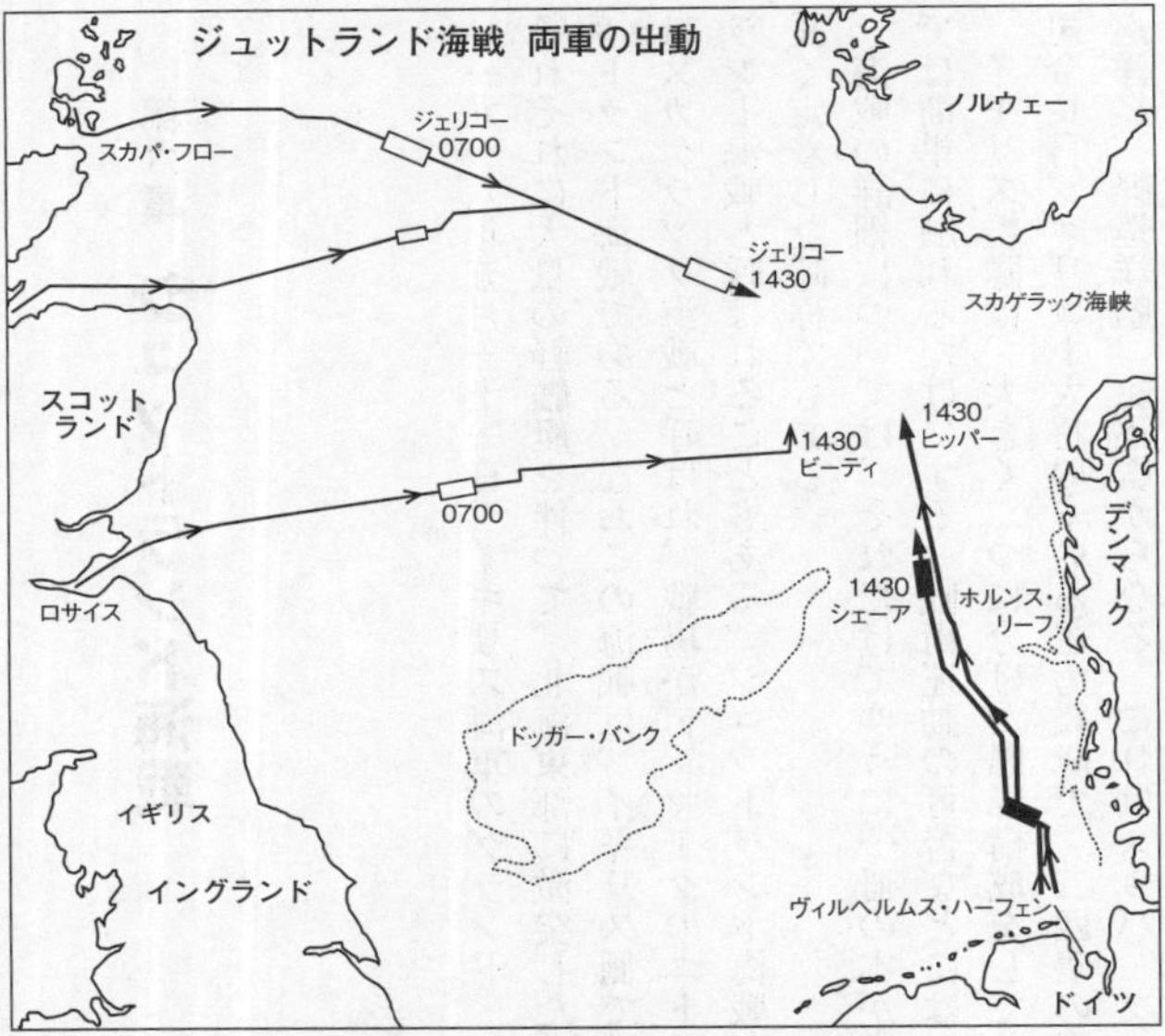

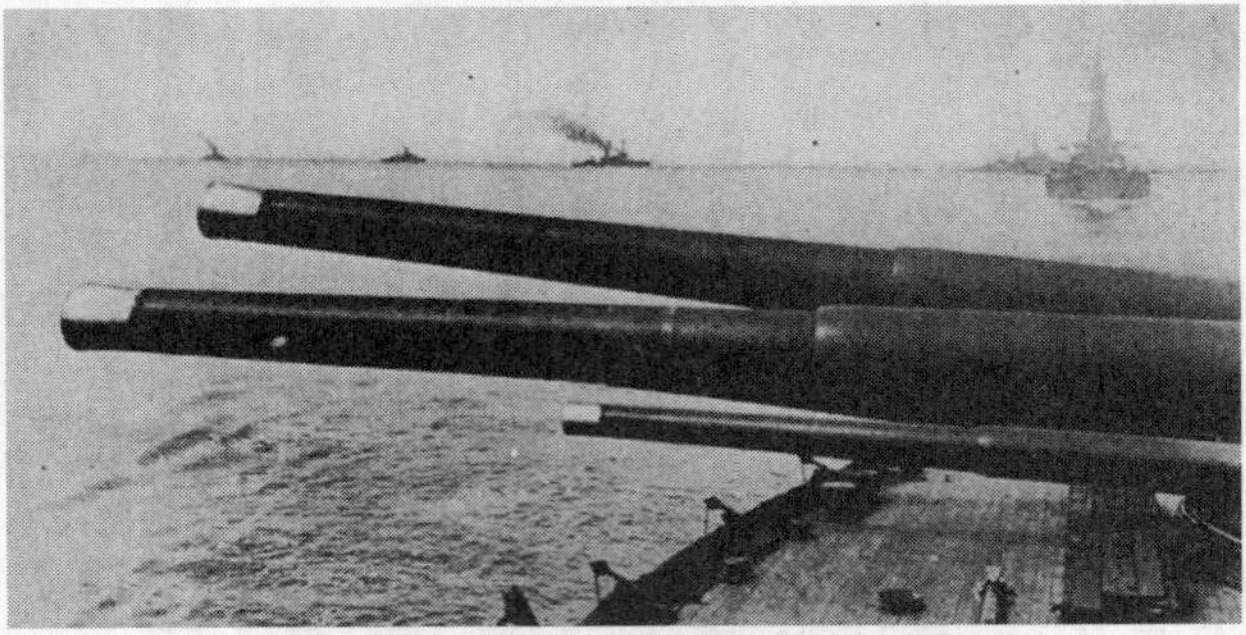

イギリス戦艦アイアン・デュークの主砲と戦艦戦隊。

点へ向け、北西から接近していた。もうひとつはビーティ中将の率いる巡洋戦艦部隊で、巡洋戦艦六隻、『クィーン・エリザベス』級の高速戦艦四隻と、軽巡洋艦、駆逐艦、偵察用の水上機母艦からなる。こちらはスコットランドのロサイスを出撃して、大艦隊との会合点へと、東へ向かっていた。両隊合計で一五一隻の大勢力だ。

一方のドイツ艦隊は、ヤーデ湾を出てやや西寄りに北へ向かっている。前衛はヒッパー中将の偵察艦隊で、巡洋戦艦五隻を中核とする。いくらか距離を置いて続航するのは、シェーア中将が率いるドイツ高海艦隊の主力で、戦艦一六隻、旧式戦艦六隻を取り囲む軽巡洋艦と駆逐艦からなり、総勢九九隻である。

第一期・南下戦

初期の戦闘はビーティ提督の巡洋戦艦隊と、ヒッパー提督の偵察艦隊の間で行なわれ、十五時四十八分（グリニッジ標準時）ころに始まって双方に相当な被害があり、とくにイギリス側は防御の薄弱な巡洋戦艦に大被害が続出して、『インデファティガブル』と『クィーン・メリー』の二隻が爆沈、旗艦『ライオン』が中部砲塔を破壊されて危うく爆沈するところだった。ドイツ側では、『ザイドリッツ』が主砲塔一基を失い、『フォン・デア・タン』が二砲塔に被弾、故障もあって全主砲の能力を一時失っている。その艦尾に命中した砲弾は舵機室を浸水させたが、かろうじて舵機は作動可能で、敵前で操舵不能などという最悪の事態はまぬかれた。射程は当初一万五〇〇〇メートル前後で、徐々に接近したが、最も近づいたときでも一万メートル以下にはなっていない。

この付近での日没は二十時十五分ころで、二十時半ころには真っ暗になり、以後の砲撃戦は至近距離での散発的なものに止まっている。では、そのなかで主要装甲に発生した状況を見ていこう。まずはイギリス側から。

『インデファティガブル』と『クィーン・メリー』は、どちらも主砲塔もしくは周辺の装甲を撃ち破られ、弾薬庫の誘爆を起こして短時間のうちに沈没しているが、生存者は少なく、具体的な状況も明らかでないため、その後の研究では水平部の装甲が不十分だったと結論づけられているものの裏づけはない。もし、舷側装甲や砲塔前盾などが突破された結果となると、建造計画そのものが非難の対象になってしまうので、予想していなかった大遠距離砲戦のために水平部分の装甲が不十分で、災厄を招いたのだと結論されたように見える。間違ってはいないだろうが、他にもあったかもしれない原因を深く追求しないままの、いささか安直な幕引きとも感じられるところだ。

そのビーティの旗艦『ライオン』は、十六時ちょうど頃に『リュッツォー』が発射した砲弾の命中を受ける。徹甲弾は射程およそ一万五〇〇〇メートルで中央部Q砲塔左砲の砲眼腔右肩部、二二九ミリの前盾と八三ミリの天蓋との接合部へ命中した。落角はおよそ二〇度と見られる。砲弾と破壊された前盾装甲鈑の一部は砲室内へ侵入し、砲弾は左砲に当たって跳ね返ると、命中点から一メートルほど前進した左砲真上で炸裂している。この衝撃と爆発によって砲室前盾と最前部の天蓋は吹き飛び、砲室内の全乗組員は死傷して、炎が砲塔内に充満した。
このとき右砲は装填作業中で、砲弾が定位置へ送り込まれ、ラマーが後退して装薬を押し込もうとしているところだった。左砲の装填箱は直下の換装室にあり、やはり弾薬が積まれていた。さらに換装室の待機トレーに各砲一発分ずつがあり、弾火薬庫内に降りていた揚弾筒内のリフトにも一発分ずつが収まっている。その外側、バーベット底の装薬操作室にも一発分ずつがあり、合計八発分の装薬（一トン強）が露出していたことになる。このうちまず、砲室と換装室内にあった装薬が誘爆した。

イギリス巡洋戦艦ライオンの中部Q砲塔の被害。左砲上面に砲弾の炸裂による傷が見える。２枚の装甲鈑は衝撃で吹き飛んだ。後方の白く見えるものは砲塔測距儀。

命中直後、砲弾の炸裂で両脚切断の致命傷を負っていた砲塔指揮官のハーヴェイ海兵隊少佐は、最後の力をふりしぼって各扉の閉鎖と弾火薬庫への注水を命じており、直ちに実行された。直後に絶命した彼は、後にその行為を讃えられ、ヴィクトリアクロスを授与されている。この段階では致命的な誘爆は起きておらず、砲塔内部は上半部が破壊されただけである。

さらなる誘爆はこれから三〇分以上たち、艦隊がドイツ主力を認めて反転した後に起こっている。原因は揚弾筒内電線の絶縁被覆が延焼していたためで、この火が揚弾筒底のリフトに乗っていた装薬に点火したのだ。続いて揚弾筒外側の操作室内にあった装薬が誘爆し、艦は危機に瀕した。被害を受けた砲塔内に危険な装薬が残されたままになっていたわけだが、これを安全に砲塔外へ出す手段は乏しく、戦闘中に行なうのは不可能に近い。

幸い、ハーヴェイ少佐の命令によって弾薬庫内は漲水されており、内側の水が爆圧を支える形になって隔壁は破壊されなかったから、弾薬庫全体の誘爆は防がれ、艦は沈没をまぬかれた。

さらに中央部の一五二ミリ上部装甲帯に三〇・五センチ砲弾が命中、命中点で爆発した。ちょうど二枚の装甲鈑の継ぎ目で、それぞれが爆発点を中心に大きく押し込まれ、装甲鈑には顕著な同心円状の亀裂が見られたが、内部への影響は大きくない。これ以外にも一〇発近い砲弾が命中しているものの、大半は無防御区画を貫通しただけで、深刻な損害につながったものはなかった。

隊列の二番目にいたのは『プリンセス・ロイアル』で、十五時五十一分頃に『デアフリンガー』の発射した三〇・五センチ砲弾が左舷前部の一五二ミリ装甲帯、ほぼB砲塔真横の位置に命中した。貫通した砲弾は炭庫内で炸裂している。砲弾は真横から前方寄り二五ないし三〇度の角度で命中し、装甲鈑には直径三三センチほどの穴が開き、取り付けが緩んで位置がずれてしまった。破片は広範囲に散らばって火災が発生したけれども、石炭は発火していない。

爆発点の主甲板には大穴が開き、近くの水密隔壁も大きく損傷して、左舷最前部の上部炭庫と、およそ一〇メートルの範囲の予備炭庫に浸水している。これらの炭庫は弾薬庫を保護する目的で予備燃料の格納庫を設けたもので、その目的を達したといえよう。

続いて数分後に、『デアフリンガー』の発射した砲弾が二発命中した。一発は先の命中弾よりやや後方、高い位置の無装甲部分を突破して上甲板上で炸裂、二・五メートルほど離れたB砲塔の厚さ二〇三ミリのバーベット装甲が押し込まれるように一部破損し、上部構造にも被害が出ている。火災が発生し、司令塔下部にも煙が入った。

もう一発は艦橋横で一五二ミリの上部装甲帯に命中、鈑面で爆発した。大きな被害はなかったが、弾片によってマスト上への伝声管が切断されている。

隊列の三番目にいたのは爆沈した『クィーン・メリー』で、砲戦の開始から三〇分ほどたったころにQ砲塔への直撃弾があり、およそ五分後に別な命中弾を受けた艦首砲塔付近から弾薬庫の爆発による火柱と煙が立ち昇り、艦首から沈下、ついで左舷を下に転覆して沈没した。目撃情報から、最初に爆発したのは前部の一〇センチ砲弾薬庫ではないかと推測されているが、確証はない。このとき、観戦武官として同乗していた日本海軍の下村中佐も戦死している。

四番目が最新鋭の『タイガー』で、十五時五十三分頃、『モルトケ』からと思われる二八センチ砲弾が、真横やや前方から船首楼舷側を貫通。上甲板上でA砲塔バーベットの二〇三ミリ装甲鈑の下端から四五センチほどの場所に命中、その場で爆発し、装甲鈑を厚さ六センチほど抉り取ったが、貫通していない。装甲鈑には同心円状のひびが入り、下端が一五センチほど押し込まれている。砲塔内に若干の破片とガスが侵入したものの、機能は損なわれなかった。

さらに数分後、一発がほぼ真横から、A砲塔バーベット中心よりやや後方、主甲板付近の高さで舷側の一二七ミリ装甲に当たり、直径三〇センチほどの穴をあけて貫通、炸裂した。直下の主甲板に大穴が開いている。

これと同時期に、司令塔真横付近で舷側の一二七ミリ装甲鈑の上端に命中した砲弾があり、装甲鈑は曲がってしまったが砲弾は爆発せずに跳ねかえった。

イギリス巡洋戦艦クィーン・メリーが爆沈した時の爆煙。

さらに射程一万二三〇〇メートルで、Q砲塔の前部天蓋中央部の照準孔付近へ砲弾が命中、八三ミリの天蓋装甲上で爆発した。装甲鈑は歪んで穴が開き、取り付けボルトがちぎれて後端が五センチほど浮き上がり、照準孔のフードが吹き飛んでいる。弾片は砲室内へ侵入し、一部機器が破損して予備装置を使わなければならなくなったので、Q砲塔の戦闘力は大きく低下したものの誘爆などは起きなかった。

さらにもう一発がX砲塔のバーベット、二二九ミリの装甲鈑と七六ミリの装甲鈑、二五ミリの上甲板の取り合い部に命中。二二九ミリ装甲鈑は幅七〇センチ×高さ四〇センチほどが半円形に破壊された。砲弾は砲塔内へ侵入したが破損したため炸裂せず、不全爆発して砲弾の割れ目から噴出した燃焼ガスが主照準手を吹き飛ばし、砲塔内にはガスが充満したけれども、防毒マスクの装着によって乗員の被害は最小限にとどまっている。戦死者は一名だけだった。

このため砲塔内機器の多くが損傷し、やはり能力は低下している。また衝撃のため砲塔の旋回位置が、これを示すインジケーターとの間で一九度もずれてしまい、これに気づかなかったため二時間ほどは、あらぬ方角を射撃していたことになった。

さらに二八センチ砲弾が、Q砲塔バーベット後端付近の位置、上甲板直下で一五二ミリの舷側装甲を貫通、炸裂した。装甲鈑には直径三〇センチほどの穴があき、端部一五センチほどが欠け落ちている。爆発位置は後部一五センチ砲揚弾筒の近くで、弾薬二発分に引火したものの、炎は下部の弾薬庫へは到達せず、破壊は上部にとどまっている。

砲弾の底部は直径二五センチほどの穴を開けて甲板装甲を突破し、主蒸気管のフランジを傷つけている。もし、ここで蒸気管に大きな破損があったら、『タイガー』は艦隊から落伍していただろう。

その後、機関室舷側の一五二ミリ装甲鈑に二八センチ砲弾が命中。その場で炸裂して、装甲鈑が八センチほど押しこまれた。また船体直近の海面で反跳した砲弾が、前部機関室舷側の二二九ミリ装甲鈑に命中、炸裂して、装甲鈑が一〇センチほど押しこまれている。

五番目にいたのは第二巡洋戦艦隊の『ニュー・ジーランド』で、この海戦では長時間戦闘をしていたわりには命中弾が少なく、大口径砲弾は『フォン・デア・タン』からの二八センチ砲弾一発だけである。

この砲弾は、艦尾砲塔のバーベットが上甲板上に露出している部分に当たったもので、砲弾は装甲の外で爆発したのだが装甲鈑の破片がバーベット内部に侵入し、短時間だが砲塔の運動が阻害されている。

命中位置の装甲には一七八ミリの厚さがあり、砲弾はその場で炸裂している。この衝撃によって装甲鈑は損傷し、とがった側で直径二八センチ、底の部分で七五センチほどの円錐形に抜け落ちて旋回部に当たり、ローラーパスの機能を阻害したけれども、致命的な破壊にはなっていない。ローラーパス上に散らばった破片を除去された砲塔は、ややぎこちなくはあったが旋回が可能だった。乗組員に死傷者はない。

隊列の最後尾にいた『インデファティガブル』は、前述のように最初に爆沈している。詳細はまったくわからず、最初に後部砲塔の弾薬庫が爆発し、艦尾から沈没する途上で前部弾薬庫にも爆発があったとされる。時刻は上記の各被害発生の初期で、砲戦開始からわずか一五分くらいしか経っていない、十六時をいくらか過ぎた頃だった。

Q砲塔への命中弾を受けて一時戦列を離れた『ライオン』のビーティ司令官は、戦隊六隻

ドイツ巡洋戦艦リュッツオー。ヒッパー提督座乗の偵察部隊旗艦。

中二隻が爆沈、自己の旗艦も一砲塔を失う大損害を受けながらも、なお戦意を失わず戦列にもどり、追いついてきた第五戦艦戦隊の高速戦艦の射撃によってドイツ艦隊がダメージを受け始めるまで持ちこたえている。やがて東南方からドイツ主力艦隊が接近してくるのを認めた。

一方のヒッパー艦隊では、先頭の旗艦『リュッツオー』の艦首甲板に三発の三四センチ砲弾が命中し、それぞれに大穴が開いて、広範囲にスプリンター被害があった。しかし応急対策が困難なほどの大穴だったためと、戦闘力に直接影響しないものだったので、当面は放置されている。

また十六時十五分頃、『プリンセス・ロイアル』の三四センチ砲弾が、主マスト付近の右舷装甲帯、吃水線よりやや下に命中。大きな被害はなかったけれども、船体は激しく振動した。

二番目に位置していた『デアフリンガー』は、イギリス艦隊側の攻撃力分配の不備によって一時まったく射撃されず、この時間帯には命中弾がなかった。

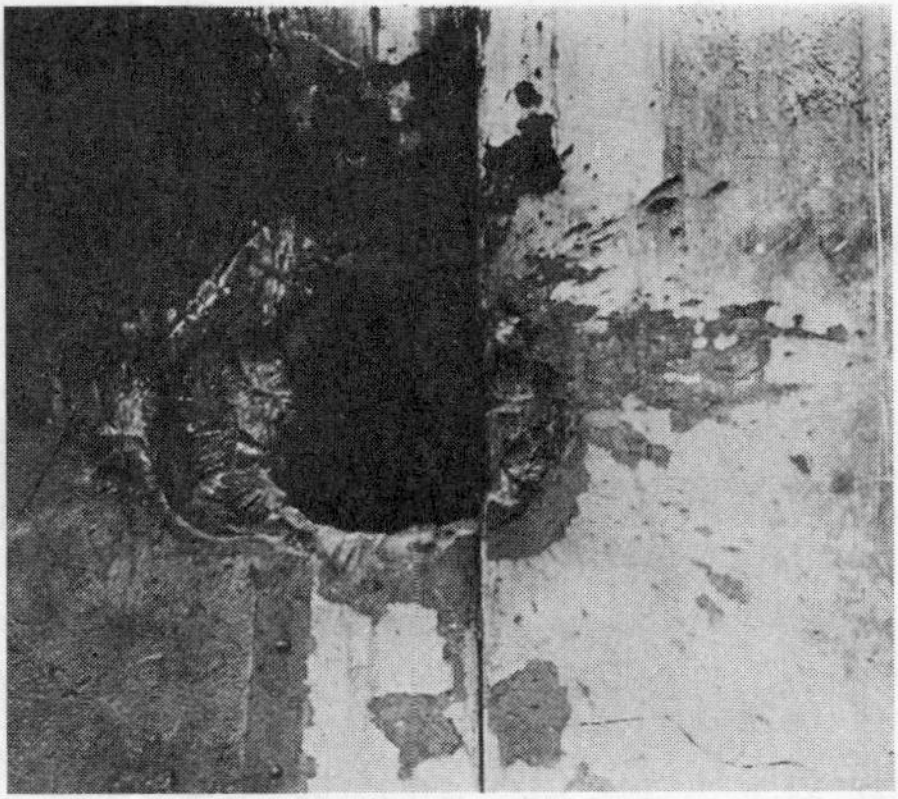

ザイドリッツ後部C砲塔への34センチ砲弾の命中痕。砲弾は装甲に食い込んだところで炸裂したが、破片が内部へ飛び込んで砲塔は戦闘不能になった。

三番目の『ザイドリッツ』では、C砲塔バーベットに直撃弾を受け、装甲鈑に大きな穴が開いている。ドイツでは両舷側に砲塔がある場合、艦首最前部の砲塔をAとして時計回りにB、Cと文字を振っていくので、艦尾背負い式配置の上段側がC、最も後部にある砲塔がD、中部左舷側の砲塔がEになる。

射撃したのは『クィーン・メリー』で、三四センチ砲弾はバーベット右舷側、上甲板から二メートルほどの高さで装甲鈑の継ぎ目近くに命中し、貫通はしなかったものの二三〇ミリの装甲に食いこんで爆発した。弾片とスプリンターが砲塔内へ飛びこみ、換装室にあった二発分の装薬が誘爆している。旋回装置、俯仰、揚弾装置が破壊され、砲塔は右一〇〇度方向を向いたまま動かせなくなり戦闘不能となったが、下部弾火薬庫への誘爆はまぬかれた。損害は砲塔一基にとどまったけれども、内部には多くの戦死者がでている。【注】

【注・大口径砲の装薬は、英独両国で大きくあつかいが異なり、これが爆沈につながっていると見る意見が多い。イギリス式では、装薬は絹製円筒形のバッグに収められており、砲ごとに異なる大きさのバッグを複数個装塡するのだが、火薬庫内では金属製の缶に保管されているものの、揚弾筒内から砲尾までは剝き出しであつかわれている。ドイツ式では主、副装薬に分けられ、主装薬は金属製の薬莢に収まっていて、そのまま装塡される。副装薬は布袋入りだが、装塡の直前までは個々に金属製容器に収められており、取り出して装塡される。このため、薬莢や容器が破壊されなければ誘爆は起こらず、起きても連鎖しにくい。六トンもの装薬が燃焼したドッガー・バンク海戦での『ザイドリッツ』でも、燃焼の連鎖はかなりの長時間に分散して起きているため、船体の破壊につながらなかったのだ。】

四番目にいた『モルトケ』では十六時十六分頃、『ヴァリアント』の三八センチ徹甲弾と思われる砲弾が、右舷五番副砲直下の二〇〇ミリ舷側装甲に命中してこれを貫通、炭庫内で爆発した。吃水線からの高さは二・七メートルほどの位置になる。五番副砲は使用不能となり、即応弾薬が誘爆して一二人の配員全員が戦死した。炎は揚弾筒から弾薬通路へも入り、二人が炎に包まれて戦死しているが、これ以上の誘爆は避けられた。

装甲鈑の大穴は、外側の直径が約五三センチ、内側では一メートルほどにも大きくなっていたとされる。周囲の装甲鈑にも影響がおよび、位置のずれたものが多かった。

砲弾が爆発したのは外側の炭庫内で、その床になる防御甲板は弾片の衝撃を持ちこたえ、

ドイツ巡洋戦艦フォン・デア・タンの艦尾に38センチ砲弾が命中した被害状況。砲弾はやはり鈑面で炸裂したようだ。

貫通されていない。しかし外部炭庫には長さ六メートルほどの範囲で浸水した。

この砲弾とほぼ同じときに後部の船体、艦尾から一五メートルほどの位置で上甲板の直下、装甲のない部分を三八センチ砲弾が貫通し、ほぼ吃水線の高さで反対舷の一〇〇ミリ装甲鈑に裏から当たって、この装甲鈑は脱落している。

さらに十六時二十三分頃、三八センチ砲弾が吃水線の上四〇センチほどの高さで右舷二番副砲の下、二七〇ミリの舷側装甲鈑に命中し、その場で炸裂した。装甲鈑下端が二〇センチほど押し込まれ、表面は平均直径三〇センチほどの楕円形に深さ七センチほど削り取られて、周辺にひび割れを生じている。その数分後、同じような命中弾があり、浸水のしかたもよく似ているが被害はより大きく、装甲鈑は大きく押し込まれてしまった。

これらの浸水によって右に三度ほどの傾斜を生じたため、反対舷の一部区画に注水されている。合計の浸水量はおよそ一〇〇〇トンに達した。このために吃水は後部で八〇センチほど増加し、逆に艦首では約二〇センチ減少している。

隊列最後尾の『フォン・デア・タン』は、この南下戦で三発の命中弾を受けている。一発は三八センチ砲弾で、一万七四〇〇メートルの大遠距離から『バーラム』が放った砲弾は、艦尾右舷のほぼ吃水線にあたる舷側装甲、一〇〇ミリと八〇ミリの装甲鈑計三枚の境目に浅い角度で命中し、貫通はしなかったものの、それぞれを変位させて水密を破り、およそ六〇〇トンの浸水を引き起こした。このため舵機室にも浸水したけれども、舵は作動可能で、速力も大きく低下しなかった。

次に命中した『タイガー』からの三四センチ砲弾は、艦首砲塔のバーベット頂部に命中し、大穴を開けて破片が砲塔内部を破壊したため、艦首砲塔は右一二〇度付近で旋回不能となり、戦闘できなくなった。

その三分後に同じく『タイガー』からの砲弾が命中し、これは『フォン・デア・タン』の弱点を突いている。砲弾は後部砲塔直前の舷側無装甲部分に命中し、二五ミリの甲板装甲を突破、甲板の下一メートルの位置で爆発し、大穴を開けた。

イギリス戦艦クィーン・エリザベス級の38センチ主砲射撃。

その位置は後部砲塔のバーベット直前だったのだが、この場所では装甲が薄くて三〇ミリしかなく、バーベットは内側に変形して砲塔のリング・サポートへ食い込み、これを損傷させて砲塔の運動ができなくなった。さらに貫通した破片が下部揚弾機などを破壊したので、砲塔が応急修理によってようやく三時間半後に機能を回復しても、揚弾は人力、旋回も俯仰も人力という始末だった。この一発で六名が戦死、一四名が負傷している。

第二期・北上戦

イギリス巡洋戦艦隊の前方にドイツ艦隊主力が姿を現わしたため、イギリス艦隊は大きく回頭して北へ向かった。その先には大艦隊が接近中であり、その牙の下へドイツ艦隊を誘致する目的である。

ヒッパー提督の艦隊もイギリス艦隊の動きに合わせて回頭したが、このときに援護のため進出してきたイギリス駆逐艦隊の雷撃を受け、『ザイドリッツ』の右舷艦首に一本の魚雷が命中している。損傷は致命的なものではなく、なお行動力、攻撃力に大きな影響がなかったため、『ザイドリッツ』はそのまま戦列を維持した。

当初北西方向を向いていたビーティ艦隊は、大艦隊の未来位置を計算してその方向へと徐々に北寄りに針路を変えていく。そして後方についた第五戦艦戦隊が、ドイツ艦隊の先頭戦隊と、ヒッパー艦隊の攻撃を受けた。

まず、この時間帯のイギリス艦隊側の損害から。

旗艦の『ライオン』は、艦隊の先頭にあったため最も敵から遠く、この時期にはほとんど命中弾を受けていない。

二番目の『プリンセス・ロイアル』では、最も接近したころに戦艦『マークグラーフ』の三〇・五センチ砲弾が、機関室側面の一五二ミリ舷側装甲鈑上部に命中した。砲弾は装甲を貫通して主甲板を五メートルほど引き裂きつつ上方へ向きを変え、命中点から一六メートルほど進んだ上甲板下で爆発し、一・八メートル四方の穴を開けている。

同時に、もう一発が後部砲塔のバーベットに命中している。上甲板から六〇センチほど上で、中心よりやや艦首寄りに当たった砲弾は、跳ね返って二五ミリの上甲板を貫通すると、その下で爆発した。

バーベットの円筒形に湾曲した装甲鈑の上端は、長さ一・八メートル、幅五〇センチほどが円弧状に引きちぎられ、砲室左側床下から内部へ突入している。この大破片は砲室内を駆け抜け、左砲後部に置かれていた予備砲弾にぶつかり、砲室後部に転がった。この死神の鎌によって左砲の要員は全員が戦死し、砲も破損している。右砲は発砲可能だったが、ローラーパスが損傷したために砲塔は旋回不能となった。

三番目になっていた『タイガー』には、煙突を突き抜けた砲弾があったくらいで、深刻な被害は出ていない。『ニュー・ジーランド』にも命中弾はなく、巡洋戦艦隊はほどなくドイツ艦隊から離れ、被害を受け持ったのは回頭が遅れたためにドイツ主力艦隊の射程に入ってしまった、第五戦艦戦隊の高速戦艦だった。

離脱の遅れたエヴァン・トーマス少将の指揮するこの戦隊は、ほぼ真横に位置するヒッパー艦隊と戦いつつ、後方から追ってくるシェーアのドイツ主力艦隊からも攻撃を受けている。それなり重防御の戦艦も、『バーラム』や『マレーヤ』はかなりの損害を受けたが、第五戦艦戦隊もその三八センチ砲を用いて反撃しており、さすがに破壊力は桁違いで、ドイツ艦隊には大きな損傷が積み上がった。

第五戦艦戦隊の被害を見てみよう。

旗艦『バーラム』には『デアフリンガー』の三〇・五センチ砲弾が四発命中している。一発はB砲塔のやや後方で副砲砲廓の脇にある上甲板に命中。艦内へ入ったところで爆発し、破片の一部は厚さ二五ミリの防御甲板を突破して一五センチ砲の弾薬庫に達したが、誘爆は起きなかった。しかし右舷二番目の一五センチ砲砲廓と、爆発点の真下にあった発電機室には大きな被害があり、多数の戦死者が出ている。

B砲塔バーベットの真横近くに命中した砲弾は、上甲板を破って主甲板の直上、バーベットの至近で爆発しているものの、一五二ないし一〇二ミリの装甲に破片が遮られたため、大きな被害にはならなかった。砲弾がもしバーベットまで到達していれば、非常に危険だった。

『ウォースパイト』にはこの時間帯、二発が命中しているが、大きな被害はない。『マレーヤ』には七発が命中していて、一発はA砲塔横の水線装甲帯に命中、装甲鈑がいくらか変位して浸水はあったものの、大きな被害はなかった。さらにX砲塔、一〇八ミリの天蓋に命中した砲弾は命中点で爆発したが破片は跳ね返され、小さな穴が開き、凹みができたくらいで

被害は砲塔測距儀だけにとどまった

しかし右舷三番副砲の砲廓天井に当たった砲弾は、二五ミリの甲板を突破して砲廓内で炸裂し、準備装薬が誘爆したため大きな被害になった。右舷の副砲砲廓は全滅し、一〇二名の戦死者を出している。弾薬庫への誘爆はかろうじて食い止められたが、副砲弾薬庫の隣には主砲弾薬庫があり、誘爆していれば艦は助からなかっただろう。

さらに二発がボイラー室側面の主装甲帯の下へ水中弾となって命中したが、直後に爆発したため破片は水雷防御縦壁に遮られ、ボイラー室側面には凹みができただけで損傷がおよばなかった。『ヴァリアント』には命中弾がなかった。

一方のドイツ巡洋戦艦では、さすがに八〇〇キログラム級の三八センチ砲弾が当たると、装甲が十分とはいえない被害になった。

『リュッツオー』の左舷第一副砲付近の水線直下に三八センチ砲弾が命中、鈑面で炸裂した。船体は激しく振動し、装甲鈑の取り付けが歪んで、二つの舷側区画に浸水している。浸水量は八五トンと推定された。

二番目に位置する『デアフリンガー』では、十七時十九分頃に左舷やや前方から飛来した砲弾が、A砲塔の前方二〇メートルほどの舷側上部無装甲部分に命中。主甲板下で爆発した。上下の甲板にそれぞれ五メートル四方ほどの大穴が開き、周辺区画が破壊されて火災も発生している。弾片のひとつが右舷側の一〇〇ミリ装甲鈑を裏から叩き、これを一五センチほど

ジュットランド海戦から辛うじて帰港したザイドリッツ。艦首砲塔の天蓋と砲身は、重量軽減のために外されている。

押し出してしまったための浸水も発生している。この被害による浸水は最大一四〇〇トンほどにもなったが、状況が落ち着いてからは排水が進んで減らされている。

さらに二発が同時に前部の一〇〇ミリ舷側装甲に命中。幅五メートル×高さ六・四メートルを覆っていた艦首から四番目と五番目の装甲鈑二枚が脱落し、その前後の装甲鈑も取り付けが歪んだため、二五〇トンほどの浸水があった。これらの損傷によって、艦が左へ二度ほど傾斜したため、右舷後部の区画に二〇六トンが注水されている。(前述の被害)

このとき『ザイドリッツ』は、右舷側にあるB砲塔の前盾右側、二五〇ミリの装甲鈑に直撃を受けている。射程は一万七四〇〇メートル。砲弾は貫通しなかったし、鈑面で爆発して大半の弾片は舷外へ飛んだが、装甲鈑に穴があいて破片と一部の弾片は砲室内へ入り、右砲の俯仰装置を壊した。爆煙が砲塔内へ侵入したため、乗員は一時砲塔外へ退避したが、砲塔内を換気して戦闘を続行している。命中場所の至近にいた砲塔員一名が戦死した。故障した砲身は、左砲と連結することで俯仰が可能となっている。

別な三八センチ砲弾は左舷のウインチに命中し、爆発して最上甲板と船首楼甲板に大破口を作った。大きな弾片が下方の装甲甲板を突破すると同時に、別な弾片が反対舷の装甲鈑へ裏から当たり、これを数センチほど押し出して取り付けボルトを緩めたため、ここから浸水が発生している。

『モルトケ』『フォン・デア・タン』には、この時間帯に大きな被害は発生していない。『フォン・デア・タン』では、激しい砲戦のため主砲装置の一部が過熱によって故障し、発砲不能となった。

全速力で追撃してくるドイツ主力艦隊の新鋭戦艦は、一時二三ノットほどもの速力を発揮したが、そのために劣速の旧式戦艦は後方に置いていかれる形となり、隊列は長く伸びてしまった。イギリス艦隊はドイツ艦隊の射程から逃れ、さらに北からやや東寄りへと針路を変えている。

これは非常に不自然な行動で、彼らの根拠地へ向かうのならば、方角は西から北西の間でなければならない。この行動を、イギリスの主力が待ち構える罠の中へ誘い込むものと見れば、ドイツ艦隊はただちに踵を返して退却しなければならないが、そう見せるための苦肉の策と見えなくもないので、判断は難しい。自然な退路である北西への針路を維持していたら、ヒッパーやシェーアがどこまでその動きに追従したか、本人に聞いても、その場でなければわからないレベルの話だろう。

実際にはイギリス艦隊の航法が相当に誤っていて、ジェリコーは自己の位置をかなり西寄りに推定していたから、先頭を走る第三巡洋戦艦隊は戦っている両艦隊の前方をすでに横切ってしまっており、これとの会同を考えていたはずのビーティは直接ジェリコーの本隊とぶつかってしまった。そして東方への展開を始めた主力の前方を横切ろうと東寄りへ向きを変えたため、南から追っていたヒッパー隊の射程に入っている。

ヒッパーの前方をT字形に横切る格好になったこともあり、戦果はイギリス側に大きいが、それほど重大なものではない。しかし、この運動のために頭を押さえられたヒッパー隊と、これに続くドイツ主力が徐々に東へ向いてしまったので、結果的にグランド・フリートは、敵艦隊を充分に引き付けていない位置で展開したことになり、この時点ではドイツ戦艦隊を有効射程に捉えられていない。また両主力の中間をビーティ隊が高速で通過しようとしているため、その煤煙も観測を妨げている。エヴァン・トーマス隊はこの運動に追従しきれず、主力艦隊の後尾につくよう針路を変更した。

本体と前衛との中間点にいたアーバスノット少将の装甲巡洋艦隊は、北上してくるドイツ主力艦隊の正面に暴露する形となり、強烈な射撃を受けて旗艦『ディフェンス』は爆沈、『ウォーリア』も全身に砲弾を受けて穴だらけになった。彼らの防御水準は、イギリスの第一世代巡洋戦艦以下だったのだから、三〇センチ級の大口径砲弾を撃ち込まれれば耐えられるはずもない。彼らは、ここにいてはいけない存在だったのだ。

このとき、エヴァン・トーマス隊の三番目にいた『ウォースパイト』に舵機の故障があり、舵がもどらなくなったために同じ場所を回り始めている。このためドイツ艦隊の射撃は『ウォースパイト』に集中したが、副砲砲廓に危険な命中弾があった程度で、ヴァイタル・パートへの被害は大きくない。敵前で一回転半ほどしたところで針路の維持が可能になり、からくも窮地を脱した。艦隊からはぐれたので復帰を試みようとしたが、艦隊司令官は損傷を重く見て基地へもどるように命じ、『ウォースパイト』は一足先に帰港している。

命中弾は大小合計で二九発に上り、うち一八発が大口径砲弾と見られている。これにより一四名が戦死、一七名が負傷した。

第三期・主力艦隊の戦闘

ドイツ第二偵察部隊の軽巡洋艦を奇襲して、『ヴィースバーデン』を停止させたフッド提督の第三巡洋戦艦隊が、ビーティ艦隊の前に入って南下し、『ヴィースバーデン』救援に向かったヒッパー隊を北東側から攻撃した。

靄のいたずらで一万メートルを切るまで『インヴィンシブル』は発見されておらず、先手を取ったイギリス艦隊は、かなり大きな戦果を上げたものの、反撃を受けて旗艦『インヴィンシブル』を失っている。

十八時二十六分から三十四分頃に、『インヴィンシブル』または『インフレキシブル』の発射した三〇・五センチ砲弾が、立て続けに『リュッツオー』の左舷艦首周辺に命中している。少なくとも八発が命中し、一部が吃水線付近に当たったことと、内部で炸裂したために かなりの大被害となった。

このうち三発が左舷前部側面の舷側水中魚雷発射管室付近、吃水線直下に命中した。もう一発は一〇〇ミリないし一二〇ミリの前部装甲帯の下端付近に命中したのではないかと見られている。

水中発射管室は破壊されて瞬時に満水し、その前後の水密隔壁も大きな損害を受けたため、ごく短時間でおそらく二〇〇〇トンほどもの浸水があったとされる。浸水は破口ばかりでなく、換気口や伝声管を伝って広範囲に拡大した。これによって艦首吃水は二・五メートルほど増加し、すでに破壊されていた船体上部の破口が次々に水面下に入り、加速度的に浸水が増している。

ヴァイタル・パートの先端で水雷防御隔壁を兼ねる、舷側発射管室とA砲塔弾薬庫を隔てる横隔壁にも弾片による損傷があり、漏水を抑えるため、速力は一時三ノットにまで低下せざるを得なかった。漏水は止まらず、前部ポンプ室は浸水して放棄され、中部排水ポンプの範囲まで浸水が拡大した。

通常であれば誰も配置されていないような艦首底に発射管室があるため、ここへの連絡路、換気口、伝声管といったものが設備されており、これらがことごとく浸水を拡大する原因となっている。

A砲塔弾薬庫付近のディーゼル発電機室では、上部区画が一気に浸水したため、六名の要員が脱出ルートを失ってしまう。区画には徐々に漏水するのだが排水する方法がなく、電話で連絡が取れるまま、罠にかかったかのように全員が脱出できなくなった。

この被害によって『リュッツオー』は戦闘力を失い、行動力も非常に小さくなって沈没の危険が現実化したため単独で敵から離れ、水雷戦隊がつきそう形で西へ進んでいる。ヒッパー司令官は駆逐艦を呼び寄せて移乗し、旗艦を変更した。

このとき、針路を反転したために右舷側からの攻撃を受け、視界を離れるまでに若干の命中弾があった。B砲塔の右側盾二二〇ミリ装甲にイギリス戦艦が発射したと思われる三四センチ砲弾が命中。砲弾は貫通しなかったけれども、装甲鈑の破片が砲塔内を破壊し、右砲は装填箱、装填装置、俯仰装置を破壊されて使用不能となった。左砲も発砲不能になっている。

この戦闘では、二番目に位置していた『デアフリンガー』にも大きな被害が出ている。『インドミタブル』の三〇・五センチ砲弾が後部の三〇〇ミリ装甲帯に命中。装甲鈑の継ぎ目で、装甲鈑が四〇ミリほど押し込まれている。同時にもう一発が二七〇ミリの装甲帯に命中、装甲鈑が変位し、長さ一二メートルにわたって水雷防御網とその架台が破損した。左舷推進器の直上だったので、網を切り離して捨てるために二分ほど左舷機関を停止している。

三番目にいた『ザイドリッツ』では、『インドミタブル』の発射した三〇・五センチ砲弾一発が後部の三〇〇ミリ舷側装甲帯に命中、貫通はしなかったが大きな振動があって遠隔操舵機の連結がはずれ、しばらくの間、舵機室での操舵が行なわれた。

これらの命中の直後に、『リュッツオー』と『デアフリンガー』の砲弾が『インヴィンシブル』を襲い、同艦は中央部右舷側のQ砲塔を撃ち抜かれて爆沈した。これにより、後続の『インドミタブル』と『インフレキシブル』は距離を開き、砲戦は中断している。

北方に展開するイギリス主力艦隊を見たシェーア司令長官は、戦艦隊に右一六点一斉回頭、すなわち全艦隊が一斉に一八〇度回頭するように命じた。これによってやや遠かったジェリコーからは、ドイツ艦隊が靄の中へ消えていったように見えたとされる。シェーアは西へ離れ、ジェリコーは緩やかに南へ針路を変えて、もう一度シェーアを捕まえようとしている。

弾薬庫に引火、大爆発を起こすインヴィンシブル。爆発したのが中央部右舷側の砲塔であることがわかる。

西へ向かうシェーアは、このままでは本拠地から遠ざかるばかりなので、再び一六点一斉回頭を行ない、艦隊を本来の序列にもどして東へ向かう。このとき、イギリス艦隊がどこにいて、どういう針路を取っているのかについて、どんな報告を受けてどういう判断をしたのか、いまひとつはっきりとしない。いずれこの針路は東方を南下するイギリス艦隊の懐へ突っ込んでいく形だから、視界へ入ると同時に圧倒的な砲火を集中され、艦隊は壊滅の危機に直面した。

この判断ミスに気づいたシェーアは、戦艦隊に三度目の一斉回頭を命じるとともに、巡洋戦艦隊と水雷戦隊に敵艦隊への突撃を命じ、主力が敵から離れるための時間稼ぎを行なおうとした。この結果、主力は首尾よくイギリス艦隊の牙を逃れたが、突っ込んでいった巡洋戦艦には大きな被害が積み上がっている。

すでに『リュッツオー』は隊列におらず、先頭は『デアフリンガー』で、艦隊の最後尾には主砲の能力をほとんど失っていた『フォン・デア・タン』が続いていた。

この時期のドイツ巡洋戦艦の被害から見ていこう。まずは『デアフリンガー』から。

十九時十五分頃、戦艦『リベンジ』が発射したとみられる三八センチ徹甲弾が立て続けに五発命中した。一発目は最後尾D砲塔天蓋の前方傾斜部、右砲のさらに外側に命中。装甲鈑を変形させ、これを押し下げる形で前進した砲弾は、水平部との継ぎ目から天蓋の下へ入って右砲揚薬機付近で爆発した。砲弾の侵入口以外に砲塔天蓋が破壊されておらず、砲室も変形していないから、おそらく砲弾は不全爆発したと思われる。

爆発によって砲塔内にあった主装薬七個、副装薬一三個が誘爆したものの、砲室内の二五ミリ中央隔壁は破壊されず、左砲付近にあった二発分の装薬は誘爆しなかった。七五名の砲塔員中二名が脱出したけれども、一名は重傷を負っており、後に死亡している。

この命中弾の衝撃により、左舷後方を指向していた砲塔は左舷前方の制限位置まで動かされ、ストッパーに衝突して、そこで止まったままとなった。

さらに一分後、C砲塔のバーベットに命中した三八センチ砲弾が二七〇ミリの装甲を貫通、砲室内で爆発した。砲塔内にあった装薬の一部が誘爆し、砲塔員は六名のみが脱出している。

このとき、砲弾はほぼバーベットの真ん中に当たっている。高さはバーベット上端から四五センチほど下で、完全に貫通した砲弾はそのまま前進し、砲塔長席の直下で爆発した。これは、この海戦において、ドイツ主力艦の主要垂直装甲鈑を貫通した砲弾が、完全に炸裂した唯一の例とされている。貫通穴はバーベット内側で四五センチほどの直径を持ち、周囲の装甲の硬化面には顕著なひび割れが見られた。

装薬は合計七発分が誘爆した。それでも砲室左砲側にあった一発分、下部の操作室にあった二発分が誘爆をまぬかれている。砲塔員は、使用済み薬莢の投棄口や、左舷側の出入り口から砲塔を脱出した。周辺の区画にも煙が浸入したものの、各員が装備していたガスマスクが功を奏して能力は維持されている。弾薬庫には直ちに注水された。残りの三発は、弱装甲部もしくは非装甲部分への命中である。

続く命中弾は、三〇・五センチ五〇口径砲を装備した戦艦『コロッサス』と『コリンウッド』が放ったもので、数分の間に六発が命中した。

砲弾は上甲板上一メートルほどの高さでA砲塔バーベット後部の二七〇ミリ装甲鈑をかすめると、バーベットの装甲鈑を一センチほど抉り取った。いくらか向きを変えた砲弾は、上甲板に当たってさらに跳ね返り、そのまま炸裂せずに飛び去った。砲塔と周辺の船体には大きな衝撃があり、右舷のディーゼル発電機が一時停止したものの、再起動に成功している。

さらに左舷第三副砲の八〇ミリシールドに命中した砲弾は、貫通しなかったがその場で炸裂した。砲身は二メートルほどを残して折れ飛び、完全に破壊された。破片は砲廓内部と隣の第四副砲をも損傷させている。

直下の水雷防御網が大きな損害を受け、上部にあった八八ミリ砲も損傷している。命中部位に隣接する一五〇ミリの装甲鈑には深いひびが入り、砲廓の内側も大きく破壊された。

次は左舷第六副砲直下の三〇〇ミリ装甲帯、吃水線のすぐ下への命中弾で、炸裂、もしくは破砕した。ちょうど装甲鈑の継ぎ目の位置で、一方の装甲鈑には端が欠ける形でD字形の穴が開いている。反対側の装甲鈑にはひびが入っただけだった。

後部の二七〇ミリ舷側装甲帯に命中した砲弾は、その場で破砕した。やはり装甲鈑の継ぎ目に当たっており、命中部の装甲鈑が破損、破片はいくつもの隔壁を破って一〇メートルも離れたところまで吹き飛ばされている。当たったのは後部二砲塔のちょうど中間付近であり、上甲板から一・二メートルほど下だった。装甲鈑には大穴が開き、周辺に同心円状の深いひびが発生している。装甲鈑そのものも命中部位で五センチほど、上端で三センチほど押し込まれた。残りの四発はいずれも非装甲部に命中したものだが、一部は炸裂して船体には大きな穴が開いている。

この時間帯最後の命中弾は、戦艦『ベレロフォン』の三〇・五センチ徹甲弾で、司令塔の三〇〇ミリ装甲鈑に命中、不全爆発した。装甲鈑は五センチほど抉り取られたものの、内部に致命的な損傷は発生しなかった。装甲のない甲板部には損傷が大きく、大穴が開いている。

この破片はB砲塔の測距儀を壊したが、この砲塔の射撃指揮装置からの連動装置はすでに故障していたので、完全な戦闘能力を保持しているのはA砲塔だけになった。短時間のうちに一四発の大口径砲弾が命中し、それまで大きな損傷がなく、ほぼ完全な戦闘力を保ってい た『デアフリンガー』は、急速に消耗して大半の戦力を失ってしまった。

さらに薄暗くなってきた頃、再び『ライオン』以下の巡洋戦艦と交戦し、三四センチ砲弾をA砲塔のバーベットに受けた。これは二七〇ミリ装甲鈑を斜撃、跳ね返って爆発したため、上甲板に大穴が開き、砲塔の運動が阻害されている。これにより、全主砲塔がほとんどの戦闘能力を失うことになった。

本艦では『リュッツオー』や『ザイドリッツ』のように被害部が艦首に偏らなかったのと、吃水線以下への損傷が小さく、漏水をコントロールできる状況であったため、危険な状態にはなっていない。戦死者は一五七名、負傷者は二六名だが、その大半が後部二砲塔で発生している。

『ザイドリッツ』では、『ハーキュリーズ』の発射した三〇・五センチ砲弾が左舷中央部に命中、装甲鈑は突破されなかったものの、広範囲の水雷防御網が垂れ下がった。

さらに発射艦のはっきりしない大口径砲弾が、使用不能となって右真横方向を向いていたC砲塔の背面装甲鈑下端に命中し、装甲鈑は半円状にかじり取られた。爆発の影響は砲塔内におよび、装填準備位置にあって露出していた装薬に引火した。破片はさらに砲塔外側の上甲板を貫いている。

数分後、『ロイアル・オーク』の発射した三八センチ砲弾が、左舷E砲塔右砲砲身に命中。砲身が破損した。衝撃で砲塔の照準装置が壊れ、破片で左舷第五副砲も使用不能となった。砲塔全体が故障したかの記述はないのだが、しばらくは砲塔が横を向いたままになっている

(上)ジュットランド海戦から帰港したデアフリンガー。艦尾砲塔は天蓋を破られ、その衝撃で左舷側の限界角度まで旋回させられてしまった。(下)デアフリンガーの左舷副砲への命中弾跡。砲身は折れ飛び、直下の水雷防御網棚は引きちぎられている。

ザイドリッツの右舷側B砲塔前面に命中した砲弾の痕跡。これも貫通しなかったが、破片は砲塔内に入っている。

から、戦闘できない状態だったのだろう。さらに後の写真では定位置に旋回しているので、応急修理によってある程度は回復したと思われる。この砲身は前後部を切り落とした状態で記念品として保存され、ヴィルヘルムスハーフェンの海事博物館前庭に展示されている。

その後一時間ほどしてイギリス巡洋戦艦隊に再接近し、砲撃を受けた。

『プリンセス・ロイアル』の発射した三四センチ砲弾が、左舷第四と第五副砲の間で、砲廓の一五〇ミリ装甲鈑に命中して炸裂。爆発は内部におよび、一五センチ砲一門が破壊され、即応弾薬一発分の装薬が誘爆した。一五センチ砲の指揮系統が破壊されている。

数分後、『ニュー・ジーランド』の発射した三〇・五センチ砲弾が、艦尾D砲塔の天蓋右後部へ命中。七〇ミリの装甲鈑に跳ね返され、一メートルほど離れたところで炸裂した。砲塔天蓋が凹み、このため天蓋内側に導設されていた電力線が破断し、いくつかの機器が天蓋のフレームから叩き落とされて、砲塔は使用不能となった。

もう一発は三〇〇ミリの左舷中央部舷側装甲帯上端付近に命中した。装甲鈑は損傷したが脱落せず、長さ一〇メートルほどの範囲で炭庫に浸水した。さらに水線装甲帯と上部装甲帯の境目に命中弾があり、貫通したところで爆発した。このときの射程は八七〇〇メートルとされる。

この時間帯、『モルトケ』と『フォン・デア・タン』には、大きな損害が出ていない。

一方のイギリス艦隊では、爆沈した『インヴィンシブル』で生存した主射撃指揮所の砲術長の証言として、右舷側Q砲塔の天蓋が吹き飛んでいた様子が書き残されているけれども、天蓋の破損は内部爆発の結果と見ることもできる。また、このときの射程はほぼ一万メートルで、充分に戦前の想定内の戦闘距離だった。射撃したのは三〇・五センチ砲を装備したドイツ巡洋戦艦とされるから、イギリスの巡洋戦艦が、自身との戦闘が危険なレベルの防御力しか持っていなかったのは間違いない。

やはり沈没した三隻の装甲巡洋艦では、二隻が爆沈して全員戦死、『ウォーリア』のみは砲撃によって満身創痍となり、自力航行ができなくなっての曳航退避中に、浸水が激しくなったために放棄されたもので、いずれもド級戦艦に対抗できる装甲レベルではなかったのだから無理もないとされた。しかし、それを言うなら初期巡洋戦艦の『インヴィンシブル』や『インデファティガブル』級も大差ないレベルの装甲であり、やはりド級艦との艦隊戦闘を行なわせるのは不適当だったということになる。

表は、この海戦で発生した主要装甲鈑への大口径砲弾の命中を抜粋したもので、砲弾の口

	砲弾口径 (mm)		装甲厚 (mm)	状態	結果
イギリス側被害	283	→	127	貫通	炸裂
	283	→	152	貫通	炸裂
	283	→	152	×	炸裂
	283	→	178	×	
	283	→	203	×	炸裂
	305	→	152	×	
	305	→	152	貫通	炸裂
	305	→	152	×	
	305	→	152	貫通	
	305	→	229	均衡	
ドイツ側被害	305	→	120	貫通	
	305	→	270	均衡	破砕
	305	→	300	×	振動
	305	→	300	×	破砕
	305	→	300	×	破砕
	305	→	300	×	破砕
	343	→	150	均衡	炸裂
	343	→	220	均衡	
	343	→	230	均衡	炸裂
	343	→	270	×	跳飛
	343	→	300	×	振動
	380	→	200	貫通	炸裂
	380	→	230	均衡	炸裂
	380	→	250	均衡	不全爆発
	380	→	270	×	
	380	→	270	×	
	380	→	270	×	
	380	→	270	貫通	炸裂
	380	→	300	×	炸裂振動
	380	→	300	均衡	

径とクルップ装甲鈑の厚み、命中部の状態、その結果で見ている。状態の項目で「均衡」とは砲弾が装甲に阻止されているが、装甲鈑も破壊して爆発の影響が内部へ侵入したような状態を指す。×印は命中の影響が装甲鈑まで止まったものだ。

こうして多数のデータを並べてみると、三〇・五センチ砲弾はおおよそ一五〇ミリ程度のクルップ甲鉄の垂直装甲鈑と均衡しており、三四センチ砲弾になると二〇〇ミリ、三八センチ砲弾では二五〇ミリでも危ないという感触になっている。命中した砲弾の装甲鈑に対しての角度は資料に記載のないものが多く、実際にも判然としないようだが、角度が浅くなれば薄い装甲でも効果を発揮した場合がある。装甲を突破した砲弾にも、破損して炸裂できず、不全爆発もしくは不発になったものがあった。

おおよそ一万五〇〇〇メートル以下の射程では、落角が小さいため砲弾は海面で反跳し、水中弾にはなりにくい。徹甲弾であれば、水面に落ちてもめったに爆発はしない。このときまったく水面で跳ね返るわけではなく、盛大な水柱とともに水中に入ったところで水の抵抗を受けた砲弾が、抵抗の少ない水面側に方向を変え、再び空中に飛び出していくので、その弾道には浅くはあるものの水中を通過する部分があり、このときに船体へ当たることもある。

跳弾は下から上への弾道であればわかりやすいのだが、直撃と似た弾道になる場合には区別がつきにくい。弾速が落ちているために貫徹力は低下しているし、姿勢が崩れていると横向きに命中することもあって、砲弾が破砕したり、信管が作動しないことも珍しくない。反跳をくり返してまったく速度を失った砲弾が、軽い損傷を与えただけで露天甲板上に転がっていたという事例もある。

また、装甲が突破されなかった事例でいくつか、船体の激しい振動が述べられている。これは装甲鈑が完全に砲弾を食い止め、自身が破壊や変位を起こさなかった場合に、砲弾の持っていた運動エネルギーや爆発の衝撃が船体へ伝わり、それが最終的に海中へ逃げるまでの間、エネルギーの伝播によって引き起こされた振動だろう。

第四期・夜戦

戦いの終盤、夜間の遭遇戦のなかでドイツ旧式戦艦『ポンメルン』が駆逐艦の雷撃によって沈み、イギリスの装甲巡洋艦『ブラック・プリンス』は、うっかりドイツ主力に接近して

夜間の戦闘でドイツ艦隊の攻撃を受け、爆沈したイギリス装甲巡洋艦ブラック・プリンス。

急射撃を受け、爆沈している。このほかにも両軍の多くの駆逐艦が、至近距離での激しい戦闘によって失われている。両艦隊は踵を接するようにして位置を入れ替え、一・五倍の戦力を持っていたイギリス艦隊は、捕らえたように思えた指の間から、ドイツ艦隊が滑り出していくのを止められなかった。

イギリス艦隊の後方をかわしたドイツ艦隊は、機雷原の間に設けられた安全水路へと進み、戦艦『オストフリースラント』が触雷したものの重大な被害はなく、衝突事故もあったが、ほとんどの艦は無事に帰港した。目標を失ったイギリス艦隊は翌日、本国へと帰還している。

海戦全体として失われた艦を拾い出してみれば、両軍二五〇隻のうち、沈んだ数はちょうど一〇パーセントにあたる二五隻で、率もイギリス一四対ドイツ一一と参加数の率に近い。しかし装甲された大型艦に限れば、イギリス六隻、ドイツ二隻で、圧倒的にイギリス側の損害が大きい。しかもイギリスの六隻中、五隻が爆沈しているのだから、死傷者数は圧倒的であり、数字上ではイギリス海軍が勝ったという判定にはなりようがない。それでもドイツ側が勝ったとも言いにくく、一部に言われるように、引き分けという以前の、「勝負なし」という見方が妥当だと思われる。

結果がこうなった理由には、かなり偶然の要素が大きく、とくに主力艦が高速で追いつ追われつの戦いをくり広げていたなか、主機関に致命的な損傷を受けて敵前に停止してしまうような艦が一隻もいなかったのは、直撃を受けて大被害になった砲塔がこれほど多かったことと比較すると、まさに偶然としか言いようがない。実際に推進力のすべてを失ったドイツ軽巡洋艦『ヴィースバーデン』が、敵味方両主力の間に取り残され、通りかかるすべての敵艦に攻撃されたような状況を見れば、もし主力にそうした窮地に追い込まれる艦があれば、戦いの様相が大きく変わったであろうことは明白である。

第七章　戦艦時代の終焉

ジュットランド海戦によって得られた多くの戦訓は、戦艦の将来像にけっして明るい光を投げかけはしなかった。最大で三八センチだった砲弾は早晩、重量一トンに達する四〇センチ級になるだろうし、すでにイギリスでは四六センチの巨砲も試作段階に入っている。そんな重量のある鋼鉄のカタマリを音速の二倍でぶつけられるのでは、どんな装甲鈑をもってしても完全には損傷を防ぎきれない。しかも方位盤のような、充分な防御をできない精密機械が戦いの帰趨を左右するようになったのでは、戦いのありようそのものが変貌してしまったとも見える。

長い射程を利し、精度を増し、発射速度を上げることによって高性能な砲弾を投射する巧妙精緻な戦闘様式と見える一方で、短時間のうちに大量の砲弾を叩きつけ、どちらが先に致命傷を負わせられるかというだけに還元できてしまう、ある意味なんとも原始的な決着へ回帰していたようにも思われるところだ。

より大きな砲弾はより遠くへ飛ばせるだろうが、そんな水平線のかなたへでは、たとえ飛ばせても確実な命中は期待できない。それでもおおよその的の近くへは着弾させられるから、運よく当たったときに、そこにある装甲がどんなものであるにせよ、大きな重い砲弾のほうが、より確実な突破を期待できる。初速の大きい砲弾は、確かに近距離では弾道が低くて命中精度が高く、撃速も大きいから貫徹能力は高いが、放物弾道になる遠距離では、速度は死んでしまうのだ。

放物線の頂上付近で砲弾の速度は最も遅くなり、以後は重力加速がついて速度は上がっていくが、初速の影響はあまり残らない。速度が同じなら、当然に重い砲弾のほうが運動エネルギーは大きくなるのだから、砲弾は大きい方が望ましい。しかしながら、大きな砲弾には大きな砲が必要であり、それが一発必中ではなく数の力に頼るのでは、たとえ三連装砲塔にしても、三つも四つも載せなければ用兵者の要求は満たせないだろう。その重量は直接に必要とされる防御装甲もふくめて非常に大きなものになり、船体をいっそう大きくさせる。

装甲する側もまた、そんなとんでもない高速の重量物を確実に食い止められるような重い装甲鈑を、艦全体に張り巡らすなど夢物語でしかないから、一発で吹き飛ばされないように準備するのが精一杯になる。使われる砲弾が徹甲弾ばかりになるのなら、中途半端な防御は砲弾に爆発するべき場所を教えることになるので、かえって何もないほうが突き抜けるだけで、被害は相対的に小さくなると考えられた。このことは重要部（ヴァイタル・パート）だけを充分に防御し、それ以外の場所は被害の拡散を防ぐだけとする集中防御の考え方で、全般にはこれが主流になる。それでも重要部が小さくなるわけではないから、装甲鈑もこれ以上は軽くできないとなれば、戦艦はやはり大きくなる方向へ向かうしかない。

速力の問題にしても、技術の進歩の前では当然のことかもしれないが、『ドレッドノート』が出現したときの二一ノットは「快速」であり、一〇年後に二四ノットの『クィーン・エリザベス』が「高速戦艦」として登場すると、二一ノットは「鈍足」になってしまった。どの問題でも、上を見れば限りがないのだが、戦艦という戦闘単位は上を見るしか生き残る術を持たないのだから、理想を求めようとすれば費用は膨大なものになり、ついには国を守るために国を傾けるほどになってしまった。

この事に気づいた人々は、この不毛な争いに歯止めをかけようとして、おそらくは人類史上初めて、多数の強力な海軍を持つ国の代表がワシントンに集まり、戦艦という巨大な怪物に何らかの枠をはめようとした。思惑はそれぞれだったけれども、これ以上の建艦競争はしたくない、いや、できないという本音の部分は共通していたから一九二二（大正十一）年、ほとんど奇跡のように話し合いはまとまったのである。

この条約では、主力艦という名で戦艦や巡洋戦艦、装甲巡洋艦をくくり、一定以上の大きさの砲を積む艦をすべて包含して、各国ごとに保有量を制限する。超過している分や建造中の主力艦は、すべて廃棄することになった。大きさを客観的に比べるため、基準排水量という新たな定義が創り出される。

こうして第一次世界大戦の勝利者側、イギリス、アメリカ、日本、フランス、イタリアの主力艦保有量に明確な制限がかかった。大規模な海軍を持ちながら、戦争に敗北したり、国体が変わったりして条約を批准しなかったのは、ドイツ、ロシア（ソビエト）、オーストリアといった国々で、それぞれに異なった形で新しい海軍に取り組むことになる。

この多国間での軍備制限条約だが、条文は厳しいものの一種の紳士協定であり、実際の内容にはかなりルーズな部分がある。基準排水量の定義は恣意的に定められたもので運用上意味のない数字だし、数字は自己申告であり、主砲口径もまた同様だ。例外も多く認められている。

日本では戦艦『陸奥』を生き残らせるために、強引に「完成した」ことにしており、イギリスには個艦の大きさの制限をはるかに超える巡洋戦艦『フッド』があった。『長門』の主砲口径は、制限である一六インチ、すなわち四〇六ミリを超える四一〇ミリだったし、改装による舷側装甲の強化を禁じられながら、イギリスの巡洋戦艦『リナウン』は、まさにその工事を「すでに始めていた」ことにして一九二三年から実行している。これによって一五二ミリしかなかった舷側装甲は二二九ミリとなり、『金剛』を上回ったのだ。アメリカにも、満載状態の値を低めにして非常満載という別枠を作り、搭載量の一部が算入されないようにする小細工があった。

ザル法とも見える約束事だが、そもそもそれほど厳密にする意味も乏しく、二隻といって三隻目を隠すようなことさえしなければ、たいした問題ではなかったのだ。軍事力はもう、単純に戦艦が積む砲の数で比較できるようなものではなくなっており、制限をかけて余裕を

上から陸奥、フッド、リナウン。

創り出したことは、戦艦を中枢としない別な戦闘力体系を創造する原資を生み出す余地を与えたことにもなる。カネのかかりすぎる戦艦を、より安い手段で無力化しようという社会的な要求もあり、これに乗ったのが水中破壊兵器や、それを運用する潜水艦、そして航空機であるわけだ。

これらの開発初期に投じられた資本は大きかったけれども、それでも大量の戦艦よりは安かったし、開発の犠牲として費やされた人命もまた、あえて金額に換算するなら安いものだったのである。社会的要求は、そうした犠牲者を英雄視する方向へ向き、危険だから開発を止めて戦艦を造り続けようという話にはならなかったのだ。

それでもまだ当時は、海から地上へ向けて投射できる破壊力が実質艦砲しかなかったから、戦艦の価値そのものは小さくなっていない。その高価な兵器を、完成からわずか一〇年しか経っていないものまで廃棄させようというのだから、状況はよほど切実だったのだろう。イギリスなど、艦隊が半分になってしまったほどである。

こうして海軍休日がスタートし、新規に建造できる戦艦は、『陸奥』保有の代償としてイギリスに与えられた二隻だけとなった。イギリスはこの『ネルソン』級を新造するにあたって、これまでの経験や知識を総動員し、時間の利益を最大限に享受することになった。ただ、他国が割合ルーズに制限の数字を見ていたなかで、かなり律儀に遵守しているため、後発の優位がある割には四〇センチ砲を一門多く積めたくらいで、驚くような差は持てていない。主砲が一門多いといっても、連装砲塔四基の重量は三連装砲塔三基の重量と大差はなく、重量的には大きなハンデにはならないのだ。

このとき、四〇センチ級の主砲を装備した戦艦は、世界に三クラス七隻しかなく、ビッグ・セブンと呼ばれて一世を風靡した。イギリスの『ネルソン』と『ロドネー』、アメリカの『コロラド』『メリーランド』『ウェスト・ヴァージニア』、そして日本の『長門』と『陸奥』である。このなかに入れてもらえていないイギリスの『フッド』だが、排水量はこれらのどれよりも格段に大きく、また唯一、三〇ノットを超える速力を持つから、主砲が三八センチ砲であるためにかろうじてバランスしたのだ。イギリスに四〇センチ級主砲の戦艦が二隻しか割り当てられていないのは、まさに『フッド』があったからでもある。

これ以外の戦艦の主砲は、日本とアメリカが三六センチもしくは三〇・五センチだが、イギリスは三八センチ砲の戦艦だけで一〇隻、さらに同じ砲を積んだ巡洋戦艦三隻を擁していたので、やはり最有力だったといえなくもない。

この三級の装甲を比較してみると、『ネルソン』は三五六ミリの舷側装甲を垂直面から外側へ傾斜させて装着し、いずれも垂直装備だった『コロラド』の三五六ミリ、『長門』の三〇五ミリを上回っている。甲板装甲では、やはり他の二級をしのぐ一五八ミリの分厚い装甲が施されていた。しかしながら装甲の配置は艦幅一杯ではなく、やや内側へ下がった位置に置かれていたから、舷側外板は無装甲であり、装甲鈑の高さも不十分で弱点を抱えていた。

速力でも『ネルソン』は二三ノットが計画され、二一ノットの『コロラド』より速く、公式発表二三ノットの『長門』と肩を並べているが、『長門』の実力は二六・五ノットなので、

上からネルソン、コロラド、長門。

ビッグセブンとフッドの要目比較

	長門	コロラド	ネルソン	長門（改）	フッド
完成年	1920	1923	1927	1936	1920
基準排水量	32720	32600	33313	39130	42600
満載排水量	38500	34946	38000	45816	46680
全長	215.8m	190.5m	216.4m	224.9m	247.0m
幅	29.0m	29.7m	32.3m	34.6m	32.0m
吃水	9.14m	9.2m	8.6m	9.9m	8.9m
主機出力	80000	28900	45000	82000	144000
最大速力	26.5kt	21.0kt	23.0kt	24.3kt	31.0kt
主砲口径・門数	410㎜×8	406㎜×8	406㎜×9	変化なし	381㎜×8
副砲口径・門数	140㎜×20	127㎜×12	152㎜×12	140㎜×18	140㎜×12
高角砲	76㎜×4	76㎜×8	120㎜×6	127㎜×8	102㎜×4
魚雷	533㎜×8	533㎜×2	622㎜×2	—	533㎜×6
主装甲帯	305	406－356	356	変化なし	305
甲板	70＋50	89＋57	158	125＋50	51＋51＋25
主砲塔前盾	305	457	457-406	500	381
側盾	230	229	305	280	305
天蓋	152	127	178	250	127
バーベット	305	343	381	?	305
乗員	1333	1080	1314	1368	1475

実際には差がある。

最も大きな差は主砲の最大仰角が四〇度あったことで、どちらも三〇度だった日米のそれより格段に優位となっている。最大射程は『ネルソン』が約三万六〇〇〇メートル、『コロラド』が約三万二〇〇〇メートル、『長門』が約三万二〇〇〇メートルだった。

速力の『長門』、防御力の『コロラド』、攻撃力の『ネルソン』といった色分けになりそうだが、この時代の戦艦は一対一の撃ち合いをするわけではないので、この比較に大きな意味はない。この差はまた、それぞれの近代化改装によって様相の変わってくるところでもある。

この時代の装甲鈑は、質的にはクルップ甲鉄と大差なく、各国、各製鋼所の工夫や、素材入手の難易に基づいた変更、若干の質的低下をしのんで調達価格を下げるなどの変更を受けているが、ハーヴェイ甲鉄やクルップ甲鉄の開発時のような劇的な変化は起きていない。砲の改良や大口径化によって砲弾の衝撃力は増加しており、装甲鈑はまたも厚くせざるを得ない状況になった。

すでに基準排水量三万五〇〇〇トンの条約の枠内では、四〇センチ級の主砲を所要数搭載して、用兵者が満足するだけの速力と安全を確信できるだけの防御力を兼ね備えることは不可能になっており、いずれかの要素を諦めるか、逆にひとつの要素を突出させるかという妥協、選択を図らねばならなかったが、条約中の新戦艦建造禁止期間はロンドン会議でさらに五年延長され、この時代の新型戦艦計画で実現したものはない。

この禁止期間中、大きく進歩したのは機関技術で、従来の機関部容積をそのまま使っても、出力を倍増できるようになると見込まれている。もちろん、そのためには艦を半解体するほどの大工事を行なわなければならず、その費用は新艦建造より高くつくかもしれなかったが、新造が禁止されているからには、ほかに手段がないとして研究が行なわれた。それでも船体形状が高速に適していない場合、出力だけ増してもさして速力性能は向上しないので、排水量の増加を吸収するためのバルジが幅を増している問題もあり、新造時以上に速力の向上した艦は多くない。

こうして、超弩級戦艦がさらなる進歩、飛躍をとげるはずだった時代に、彼らは軍縮条約によって無理やりに寝かしつけられ、世間の進歩から置いていかれてしまったのである。いかに近代化改装を受けるといっても、その範囲には制限があり、改装の総量にも重量の枠がかけられている。なにより、既存の構造や形状を無視した改変はするべくもなく、工事のために一時撤去した上部構造を、そのまま載せ直すような半端なことをしているのだから、関係者に誰も満足するものがいないような工事をしなければならない場合もあった。

航空機や潜水艦の脅威が、まだ何ほどでもなかった時代に、伸ばせるはずの羽は檻に閉じ込められ、空しい日々を過ごさなければならなかった。それでもその原因は、戦艦そのものがあまりにも高価になってしまったことだったのだから、誰のせいにするわけにもいかない問題だった。

ロンドン条約の再延長はまとまらず、一九三〇年代後半に戦艦への制限は撤廃されたのだが、イギリスとアメリカはなお条約の取り決めにこだわり、条約明けの新型戦艦に影響が残されている。完全に条約の軛《くびき》を離れて建造され、第二次世界大戦に間に合ったのは『大和』と『武蔵』だけで、それ以外の戦艦には、何らかの形で条約の痕跡が残されている。

一足早く完成したフランスの『ダンケルク』級、ドイツの『シャルンホルスト』級は、いずれも排水量や主砲口径が条約の制限に達しておらず、中型戦艦とか、巡洋戦艦とかいうあつかいを受けている。

イタリアの『リットリオ』級は、相当に条約の範囲を逸脱しているが、初期計画では条約範囲内にあった。ドイツは条約締結国ではないけれども、イギリスとの取り決めもあり、過度に刺激しないため、一応は基準排水量三万五〇〇〇トンの枠を意識している。いずれもま

上から大和、ダンケルク級ストラスブール、シャルンホルスト。

上からリットリオ級ローマ、キングジョージ五世、リシュリュー。

だ、戦争を始めようというつもりはなかったのだ。実際にはどちらも四万トン以上あるもののの、カタログ上、条約順守型では歯が立たないような実力差はない。

イギリスでは新『キング・ジョージ五世』が一九四〇年に完成して以降、同型艦四隻が二年ほどの間に完成し、フランスの『リシュリュー』は完成間際に接収を逃れるため本国を脱出して工事を続け、アメリカへわたって最終工事を受けた。アメリカでは『ノース・カロライナ』級二隻、『サウス・ダコタ』級四隻が戦争初期から順次就役している。さらに『アイオワ』級四隻が終戦間際までに艦隊へ加わった。これは相当に大きいが、条約のエスカレーター条項を利用したもので、一万トンの排水量増加を採り入れている。パナマ運河通過のために幅を制限されており、増加分のほとんどが長さへ振り向けられたので、長大な船体に大きな推進機関、三三ノットという高速力が実現してしまったのだ。

アメリカ、フランス、イタリア、ロシア（ソビエト）には建造中に終戦を迎えたものがあり、一部は完成していない。また日本の『信濃』は建造中に、航空母艦に設計変更された。戦争によって工事を中断され、そのまま未成に終わったものも少なくない。イギリスの『ヴァンガード』は在庫の旧式砲塔を流用した、建造意図のよくわからない戦艦だが、戦後まで工事を継続して完成させられている。フランスの『ジャン・バール』は、未成状態から戦後になって工事を再開し、最後に竣工した戦艦として就役した。

これらの条約明け型新戦艦は、これまでにもたびたび採り上げられており、ここで改めて詳細を紹介することはしない。私の個人的感想の中では、戦艦は一九二二年に、未完成のままでの絶滅を運命づけられたのだ。

これらの新型戦艦でも、主要装甲の様式は均一ではなく、舷側装甲帯を垂直に装着するか、傾斜させるか、船体内に取り込むか、外装式にするのか、甲板装甲の舷側端を下方向へ折り曲げて二段防御とするのか、しないで艦内の有効容積を増すのか、差異は国ごとどころか、同じ海軍内でも設計方針が異なっているほどで、いまだ理想形に収束していなかったことがわかる。

その理想形そのものも、相当にあやふやなものになっていた。この時代にはすでに航空機の影響が顕著になっており、防御面では対砲弾防御が爆弾に対してかなり有効であるものの、反撃手段は高角砲くらいしかない。対空機銃は航空機が接近してくれなければ役に立たず、まだ攻撃側がそうせざるを得ない状況だったからハリネズミのような防御火器の大量装備になったわけだが、戦争中には誘導爆弾が実用化されていて、これが一般的になれば戦艦は一方的に叩かれるだけの、ただの標的になってしまうところだった。

自身は潜水艦に対処できないために駆逐艦のスクリーンを張り、魚雷攻撃を目論む高速軽艦艇に対抗するために軽巡洋艦が必要になり、数百キロメートル先から飛来する航空機の攻撃を排除するには防空戦闘機の傘が必須だとするなら、たかだか四〇キロメートルしか砲弾を飛ばせない存在を艦隊の中心に置くことに、どんな意味があるだろう。

多くの海軍軍人や研究者は第二次大戦前、すでに戦艦の時代が終わりつつあるのを如実に感じていたのだが、既存の戦力体系はそう簡単に捨てられるものではなく、戦艦は造り続け

上からノース・カロライナ、サウス・ダコタ、アイオワ。

上から信濃、ヴァンガード、ジャン・バール。

られた。そしてあまりにもあからさまに無用の宣告がなされ、その存在は消え去ったのである。わずかに残ったそれは、すでに艦隊のシンボルでしかなく、せいぜい陸上砲撃用のモニターとしての役割しか残っていなかった。艦首から噴き上がった飛沫が艦橋までとどく大きなうねりのなか、巨大な大砲を振りかざしつつ、機関が全力を絞り出さなければならないようなシチュエーションは、もう、どこにもなかったのだ。

おわりに

一九世紀末は、軍艦の装甲に携わる人々にとっては夢のような時だっただろう。十数年ごとに画期的な新装甲が発明され、数十パーセントもの耐弾力の向上があって、それまで考えられもしなかった軍艦の建造が可能になったのである。

二〇世紀に入ると、こうした画期的な発明はなくなり、素材の品質向上などによってわずかずつの進歩はあっても、装甲の世界が書き換えられるようなことはなかった。陸上の戦車の世界では、さまざまな特殊砲弾に対抗する、これまた特殊な複合装甲が開発されているけれども、一トンもある砲弾に耐えようとするものではない。仮に車体が耐えられても、中の人間はとうてい無事ではすまないのだ。

ここまで古い軍艦ばかり見てきたが、最新鋭のそれに目を向けて、アメリカの新型駆逐艦ズムウォルト級を見ていると、何か見慣れた懐かしい部分を感じる。とはいえ形状こそ似ていても目指すところはまったく別なもので、明らかにはされていないようだが、これに装甲防御はないだろう。せいぜい炭素繊維などによる弾片からの人員保護がやっとだと思われる。

その形状を見ていて感じたのは、こういう艦が成り立つのであれば、対艦ミサイルへの効果的な防御方法として、一時的な潜水能力に意味があるかもしれないということである。

装甲艦の時代、極端な低乾舷によって標的面積を減らし、被弾の機会を少なくしようとする思想があった。中には専用のバラストタンクに海水を導くことによって、戦闘時の乾舷を減らそうとしたものまである。それをさらに推し進め、一時的に船体の大半を水面下に沈められれば、ミサイルからは見えなくなってしまうに違いない。

なにも一〇〇メートルも潜る必要はないし、行動力もいらない。ただ、飽和攻撃してくるミサイルの集団に対し、その到達直前に海上から消えてしまえばいいだけだ。完全に水没しなくても、極端に目標が小さくなれば、デコイの併用などで混乱させることはできる。攻撃側にも弾頭に魚雷を積むなどの対抗策はあるだろうが、大きな負担となるのは間違いない。

ズムウォルトのステルスも防御の一種であるが、遠くから探知されるのを避けようとするだけで、近距離で見えなくなるような効果はない。発見されないうちに先手を取れるかには、その瞬間の微妙な交戦制限の問題があって単純ではなかろう。こうした非常に脆弱な高性能艦は、一切の制限がない戦場でなければ、本領を発揮できない。分厚い装甲を持った装甲巡洋艦は、少々の不意打ちなど意に介さないだけの強靭な防御力を持っていたからこそ、微妙な外交の最前線にあっても、腰を据えた存在の誇示ができたのである。

この先、艦艇にもまったく新しい防御法が開発されるのかもしれず、それには奇妙に過去への回帰を感じさせる部分があるかもしれないが、鉄のカタマリで防御しようという発想は、もう実現することはないだろう。

参考資料＊All the World's Fighting Ships 1860-1905／Conway Maritime Press＊All the World's Fighting Ships 1906-1921／Conway Maritime Press＊All the World's Fighting Ships 1922-1946／Conway Maritime Press＊American Battleships 1886-1923／Reilly and Scheina／Naval Institute Press＊American Steel Navy (The)／Alden／Naval Institute Press＊Battleships in Action／H. W. Wilson／Conway＊Battleships and Battle Cruisers 1905-1970／Siegfried Breyer／MacDonald and Jane's＊Battlecruisers／John Roberts／Chatham pub.＊Big Gun 1860-1945 (The)／Peter Hodges／Conway＊British Battleships／Oscar Parkes／Seeley Service＊British Battleships 1889-1904／R. A. Burt／Naval Institute Press＊British Battleships 1906-1946／Norman Friedman／Seaforth＊British Cruiser of the Victorian Era／Norman Friedman／Seaforth＊Cent ans de Cuirassés français／Eric Gille／Marines edition＊Confederate Ironclad 1861-65／Konstam／Osprey＊Die Deutsche Flotte 1848-1945／Kroschel, Evers／Verlag Lohse Eissing＊Directory of the World's Capital Ships／Silverstone／Ian Allan＊Gebiete des Seewesens／K. K. Hydrographischen Amte (1880)＊German warships 1815-1945／Erich Gröner／＊Great War at Sea 1914-1918 (The)／A. A. Hoehling／Corgi book illustlated＊Hampton Roads 1862／Konstam／Osprey＊Historic Ships of the World／Heine／David and Charles＊Images of the Spanish-American War／Stan Cohen／Pictorial Histories Publishing＊Imperial Russian Navy (The)／Anthony J. Watts／Arms and Armour＊Imperial Russian Navy (The)／Fred T. Jane／＊La Royale／Jean Randier／＊Latin America a Naval History／Scheina／＊Le Navi di Linea Italiane／Ufficio Storico Della Marina Militare＊Marine-Arsenal／Breyer＊Mississippi River Gunboats of The American Civil War 1861-65／Konstam／Osprey＊Monitors／Jerry Harlowe／＊Monitors of The Royal Navy／Paul j. Kemp／＊Naval Battles of The First World War／Geoffrey Bennett／＊Naval Operations／Corbett, Newbolt／Longman＊Naval history of the war 1914-1918 (A)／Henry Newbolt／Hodder and Stoughton＊Navi e Marinai Italiani／Bagnasco, Rastelli／Ermanno Albertelli Editore＊Old Steam Navy (The)／Donald L. Canney／Naval Institute Press＊Ottman Steam Navy 1828 ～ 1923／Langensiepen & Guleryuz／Conway＊Pantserschepen Pantserdekschepen Monitors／Mulder, Ruygrok／Lanasta＊Panzerschiffe um 1900／Israel, Gebauer／Brandenburgisches Verlagshaus＊Rise of the Ironclads／George F. Amadon／Pictorial Histories Pub.co＊Royal Navy in Old Photographs (The)／Pym Trotter／Book Club Edition＊Sea Battles of The 20th Century／George Bruce／Hamlyn＊Steam, Steel and Shellfire／Conway

＊Tel El-Kebir 1882／Donald Featherstone／Osprey＊Tutte Le Navi Militari D'Italia 1861-1986／Bargoni／Ufficio Storico Della Marina Militare＊Union Monitor 1861-65／Konstam／Osprey＊Union River Ironclad 1861-65／Konstam／Osprey＊"Warship" I to 2011／Conway＊Warship Special 1: Battle Cruisers／N. J. M. Campbell／Conway＊Башенные Броненосные Фрегаты／Мельников＊Круглые Суда Адмирала Попова／Андриенко＊Линкоры Британской Империи／Паркс＊Первые Русские Мониторы／Документовь＊アメリカにおける秋山真之／島田謹二／朝日新聞社＊海軍創設史／篠原宏／リブロポート＊軍艦「甲鉄」始末／中村彰彦／新人物往来社＊明治二十七・八年海戦史／海軍軍令部＊「世界の艦船」各号／海人社

NF文庫書き下ろし作品

NF文庫

軍艦と装甲

二〇一六年十一月十三日　印刷
二〇一六年十一月十九日　発行

著　者　新見志郎
発行者　高城直一

発行所　株式会社潮書房光人社
〒102-0073　東京都千代田区九段北一-九-十一
振替／〇〇一七〇-六-五四六九三
電話／〇三-三二六五-一八六四(代)
印刷所　慶昌堂印刷株式会社
製本所　東京美術紙工
定価はカバーに表示してあります
乱丁・落丁のものはお取りかえ致します。本文は中性紙を使用

ISBN978-4-7698-2975-1　C0195
http://www.kojinsha.co.jp

NF文庫

刊行のことば

第二次世界大戦の戦火が熄《や》んで五〇年——その間、小社は夥しい数の戦争の記録を渉猟し、発掘し、常に公正なる立場を貫いて書誌とし、大方の絶讃を博して今日に及ぶが、その源は、散華された世代への熱き思い入れであり、同時に、その記録を誌して平和の礎とし、後世に伝えんとするにある。

小社の出版物は、戦記、伝記、文学、エッセイ、写真集、その他、すでに一、〇〇〇点を越え、加えて戦後五〇年になんなんとするを契機として、「光人社NF（ノンフィクション）文庫」を創刊して、読者諸賢の熱烈要望におこたえする次第である。人生のバイブルとして、心弱きときの活性の糧《かて》として、散華の世代からの感動の肉声に、あなたもぜひ、耳を傾けて下さい。

＊潮書房光人社が贈る勇気と感動を伝える人生のバイブル＊

NF文庫

大空のサムライ　正・続
坂井三郎

出撃すること二百余回——みごと己れ自身に勝ち抜いた日本のエース・坂井が描き上げた零戦と空戦に青春を賭けた強者の記録。

紫電改の六機　若き撃墜王と列機の生涯
碇　義朗

本土防空の尖兵となって散った若者たちを描いたベストセラー。新鋭機を駆って戦い抜いた三四三空の六人の空の男たちの物語。

連合艦隊の栄光　太平洋海戦史
伊藤正徳

第一級ジャーナリストが晩年八年間の歳月を費やし、残り火の全てを燃焼させて執筆した白眉の〝伊藤戦史〟の掉尾を飾る感動作。

ガダルカナル戦記　全三巻
亀井　宏

太平洋戦争の縮図——ガダルカナル。硬直化した日本軍の風土とその中で死んでいった名もなき兵士たちの声を綴る力作四千枚。

『雪風ハ沈マズ』　強運駆逐艦 栄光の生涯
豊田　穣

直木賞作家が描く迫真の海戦記！　艦長と乗員が織りなす絶対の信頼と苦難に耐え抜いて勝ち続けた不沈艦の奇蹟の戦いを綴る。

沖縄　日米最後の戦闘
米国陸軍省 編
外間正四郎 訳

悲劇の戦場、90日間の戦いのすべて——米国陸軍省が内外の資料を網羅して築きあげた沖縄戦史の決定版。図版・写真多数収載。